そこが気になる決定版！

お客に言えない食べ物の裏話

㊙情報取材班［編］

青春出版社

そんなカラクリがあったとは!!

鳥インフルエンザ、狂牛病、偽装表示、遺伝子組み替え問題など、この数年ほど食の安全性が問いなおされ、それをめぐるニュースが取り沙汰された時期はなかった。

しかし、そんなニュースがショッキングに受け止められるのは、私たち消費者がいかに「食」の現場について知らないかの裏返しである。いま、私たち日本人が口にしているものが、どのように作られ、どのように運ばれ、どのように加工されているのだろうか……。

この本では「食」の最新裏事情を徹底追跡し、現代の「食」をめぐる素朴な疑問からショッキングな裏話まで、知られざる裏ネタを満載した。

たとえば、京野菜が京都以外でも大量に作られていることをご存じだろうか？　そして、牛肉や卵がいまどのように生産されているか、あるいはフカヒレをとったあとのサメの肉はどうなるのか、ご存じだろうか？　そんな疑問に答えるべく「食」の深層に迫った成果がこの一冊。もちろん、取材結果は大漁豊作だ。

というわけで、この本はいわば「食」をめぐる裏話のレストラン。〝読む食材〟を、元をとるまでご賞味いただきたい。

㊙情報取材班

2006年1月

そこが気になる決定版！ お客に言えない食べ物の裏話◎目次

第1章 産地でわかる「食」のホント 13

第2章 人気商品に隠された㊙事情　35

第3章 知らなきゃソンするお店の裏のウラ 61

第4章 あの定番食品が定番でいられるワケ 83

第5章 知らないとちょっと怖い!? 食べ物の流通事情 111

第6章 あの食材にまつわる意外な裏話 135

第7章　話のタネになる食べ物の雑学　173

第8章　身近な「食」の気になる歴史　213

カバーイラスト■北谷しげひさ
本文イラスト■樋口太郎
DTP■フジマックオフィス

※本書に記載された数字、データなどの情報は、原則として二〇〇六年二月時点のものです。

第1章

産地でわかる「食」のホント

京野菜

全国でつくられていても〝京野菜〟のワケ

九条ねぎ、聖護院《しょうごいん》だいこん、賀茂なす、金時《きんとき》にんじんなど、薄味で繊細な京料理に欠かせない「京野菜」。以前は、京都以外の土地では、割烹料理店など一部でしか食べられなかったが、有機野菜・地方野菜ブームの影響で、最近では全国のデパートの地下食料品売り場でもお目にかかれるようになった。

さて、この京野菜、雑誌などでは、「伝統的な手法で栽培された野菜で、種も京都府内の農家以外は門外不出」などと紹介されている。そのため、「京野菜は京都でしか栽培されていない」と思っている人もいるかもしれない。

しかし、これはまったくの誤解。じつは埼玉県をはじめ、全国で栽培されているのだ。たとえば、壬生菜《みぶな》は埼玉県で栽培されているし、聖護院だいこんは千葉県、えびいもは静岡県や茨城県で、金時にんじんは香川県や岡山県でも栽培されている。

「門外不出」のはずの京野菜が、全国で作られるようになった理由は、京都の大手種苗会社が、伝統的な京野菜と現代の野菜とを交配させた改良種を開発したから。以前より色も鮮やかになるなど、京野菜の欠点が克服され、収穫量も増えた。その改良種が全国に出回って、各地で〝京野菜〟が作られるようになったわけだ。

というと、「純粋な京野菜は絶滅しちゃったの？」と心配する人もいるかもしれないが、その点は心配無用。改良種ではなく、〝純粋種〟のほうは、現在も「門外不出」。伝統的な栽培方法も企業秘密としてちゃんと守られている。

しかし、京野菜が一時衰亡の危機にあったことは事実。1970年代後半のことだが、外国産の野菜は栽培が簡単だともてはやされたことから、栽培農家が激減したのである。

そこで、京野菜の伝統を守るために、京都府がハウス栽培に対し補助金を出すなど、行政と生産者、流通業者が一丸となって、京野菜の栽培を支えてきたという経緯がある。

ちなみに、京野菜には、京都産で品質を満たしているブランド産品には、丸い〝京マーク〟がペタリと貼られている。「京都産の京野菜」にこだわる人は参考にしてほしい。

山菜

「近ごろの山菜は、山でとれない」のウワサは本当？

「昔に比べて、野菜がおいしくなくなった」というのは、昔ながらの野菜の味を知る年輩者がよく口にするセリフである。

たしかに、ここ30年ほどの間に、キュウリやトマト、ニンジンなど、ふだん口にする野菜の味は、ずいぶん変わってきている。現代人好みに品種改良され、クセや苦味が少なくなっているのだ。たしかに、野菜嫌いの子供には食べやすくなっただろうが、その味にいま一つ物足りなさを感じる人は少なくないだろう。

一方、同じように、「最近、山菜の味が変わったような気がする」「あまりおいしくない」と感じている人もいるだろう。そんな人はおそらく年輩者……いや、なかなか敏感な舌の持ち主といえるだろう。

というのも、近ごろの山菜は山でとれたものではなく、ハウス栽培されたものが増えているからだ。考えてみれば、十年ほど前まで、たらの芽やふきのとうといえば、店頭に並ぶ数も少なく、高価なものだった。それが、現在のように流通量が増え、値段も50グラム、200〜300円程度で売られるようになったのは、天然ものではなく〝養殖もの〟が出回るようになったからである。

ハウス栽培の山菜は、温度調節された苗床に穂木（接ぎ木につぐ芽のこと）を植え、およそ40日ほどで収穫することができる。ハウスものの山菜は、えぐみが少なくあっさりした味に仕上がるが、それは、山でとれたものより短期間で成長することが原因だという。

山菜のハウス栽培がポピュラーになってきた今、昔ながらの味がまた一つ消えてしまったと嘆く年輩者がいる一方で、クセのないキュウリやトマトを食べつけている若い世代には、ハウス栽培の山菜が受け入れられているのも事実。

寂しい話だが、数年後、スーパーの店頭には〝平地で採れた山菜〟ばかりが並ぶようになるのかもしれない。

サンマ

北で獲れるものほど脂がのっているワケ

サンマの食べ方は、塩焼き、刺身、酢じめ、蒲焼き、みりん干しなどいくつもあるが、「サンマは塩焼きがいちばん」という人は少なくないだろう。

サンマの塩焼きは、ご飯と相性バツグンで、日本の秋の食卓には欠かせない。もっともサンマに脂がのるのは９月。とくに、北海道近海で獲れるものほど、脂がのっている。

太平洋側のサンマは６月に北上していくが、このころの身はパサパサで、食べてもおいしくはない。その後、北海道の東沖に進み、オキアミをたっぷり食べる。この海域のオキアミは体長８～９ミリと、南方の２～３ミリのプランクトンに比べ、はるかに大きい。しかも、針で突っつくとこぼれ落ちるほど、脂を含んでいる。

この〝ジャンボオキアミ〟をたっぷり食べた9～10月にかけて、北海道沖で獲れるサンマは脂がよくのって、塩焼きにすると最高の味になるというわけである。

ところが、そのサンマも、北海道から南下するにしたがって、脂ののりが悪くなっていく。北海道沖で獲れるサンマに含まれる脂は20％ほどだが、それが11月ごろ、三陸沖で獲れるサンマは、約10％と半減する。塩焼きにしてもがくんと味が落ちる。

さらに、南下して銚子沖に姿を表す12月ごろには、脂分は約5％とまたしても半減。毎年、東京の築地市場では、「銚子まで下ってくるともうダメ」という声が聞こえてくる。このころのサンマは、塩焼きは無理で、酢じめや蒲焼、みりん干しに向いている。

ちなみに、あまり知られていないが、日本海側でもサンマは獲れ、毎年冬から春にかけて富山あたりで水揚げされている。これも脂が少ないので、刺身で食べたほうが、さっぱりしていて美味である。

ベーコン

デンマークとの切っても切れない関係

パスタやサラダ、炒め物の具としておなじみのベーコン。じつは、その多くが北欧のデンマーク産の豚肉で作られていることをご存じだろうか。

食糧自給率の低い日本では、豚肉の生産量も１９８９年をピークに減少しており、今では、45％前後を輸入に頼っている（２００１年）。主な輸入先は、米国（24万９０００トン）、デンマーク（21万５０００トン）、カナダ（15万８０００トン）である。米国、カナダという大国と並んで、デンマークが2位に食い込んでいるのである。

このうち、精肉用に使われるのは、主に米国産で、デンマーク産はほとんどがハム、ベーコンなどの加工食品に使われている。とりわけ日本で消費されるベーコンの80％は、デンマーク産の豚肉で作られている。

では、デンマーク産の豚肉が、ベーコンに重宝される理由は何か？

もちろん、値段が安いこともあるが、肉の脂身比率や大きさが均一で、加工しやすいことも大きな利点となっている。

デンマークの豚肉生産は、養豚農家による協同組合によって運営され、育種から食卓に至るまでの過程が、統一的に管理されている。また、生産技術の研究や、衛生・疫病予防なども、「デンマーク豚肉機構連合」が一括して行っているため、情報が現場に均一に反映される。結果、どこの農家も、ほぼ同じ豚の飼い方をし、同品質でかつ高品質の肉を生産できることになるわけだ。

統一管理の強みは、このほか、輸出先の市場ニーズによって、肉質を調整できることにもある。たとえば、日本では、赤身と脂肪が交互に三層になったベーコンが好まれるが、この情報も、デンマークでは、養豚農家や精肉加工現場にフィードバックされ、製品に反映されている。

しかも、デンマークには、「動物にストレスを与えないように、飼育環境をできるだけ家畜の側に立ったものにする」ことを定めた法律まである。まさに、北欧の国ならではといえるこうした〝動物福祉〟の精神も、デンマーク産豚肉の安全性を裏づけているわけである。

野菜ジュース
野菜の産地はいったいどこ？

昼食用にお弁当やおにぎりを買ったとき、一緒に野菜ジュースも買うことがあるという人もいるだろう。また、「最近、野菜が不足がちだな」とか、「昨夜、肉をたくさん食べたからな」といって、健康のために野菜ジュースを飲む人も少なくないだろう。

コンビニでも弁当屋でも手軽に野菜ジュースを買えるが、意外に知られていないのが、その中に含まれる野菜の産地である。とくにミックスジュースの場合は、それぞれの野菜によって、旬の時季が違うはず。それなのに野菜ジュースは一年中売られている。

原材料となる野菜は、いったいどこで栽培され、どのようにジュースに加工されているのだろうか。

当然、国内産と外国産の野菜があるが、国内では各メーカーがそれぞれ長野や群馬、福島、岩手県内などに産地を確保。多くの場合、地元の農家と契約して、土壌チェックや農薬の使い方などを相談しながら栽培している。たいてい、産地の近くに加工工場が建てられ、収穫された野菜は、その日のうちに製品化されている。

製品化の方法については、濃縮還元法とストレートジュースがある。濃縮還元法は、産地でとれた野菜を絞り、濃縮加工して冷凍保存する方法。一方、ストレートジュースは、生の野菜をピューレにし、絞った野菜汁を加えて加工する。

ジュース用の外国産野菜は、アメリカやオーストラリア、中国、チリ、トルコなどで栽培され、現地で濃縮加工して輸入されている。

たとえば、トマト汁は中国やチリ、トルコ、ニンジン汁はオーストラリア、リンゴ果汁はアメリカ、レモン果汁はイスラエルなどから、濃縮状態で輸入されている。

野菜

〃ハイテク工場〃でこんなものまで作られている！

最近は、畑やビニールハウスで栽培された野菜だけでなく、工場で大量生産された野菜が市場に出回っている。

たとえば、福島県ではすでに1998年に、生産過程のすべてをコンピュータが管理する最新鋭の野菜工場が建設されている。外界から完全に遮断された室内で、レタスやサラダ菜が栽培されているのだ。

といっても、室内は真っ暗ではない。野菜の生育に必要な波長の光を出すナトリウムランプが、まぶしいぐらいにあたりを照らし出している。

その光の下、野菜はたくさんの穴を開けた板に1株ずつ差し込まれ、その板が2枚ずつ「V」の字になるように立てかけてある。板の裏側には、根っこが出ており、その根に向かって、水や肥料が定期的に噴霧されるという仕組みだ。

温度はつねに20度前後に保たれ、光合成に必要な二酸化炭素の濃度も一定に保たれている。そして、これらいっさいの環境条件の管理は、事務室に置かれた1台のパソコンで行われている。

「そんな工場生産の野菜で、栄養は大丈夫なの?」と思う人もいるだろうが、露地ものと比べても、栄養価はほとんど変わらないという。

それ以上に、収穫までの時間が露地ものに比べて三分の一になり、単位面積あたりの収穫量はおよそ50倍にもなるというメリットがある。しかも、室内の細菌数は自然状態の一〇〇分の一以下のため、農薬をまく必要もない。天候にも左右されないため、品質、収穫量は安定している。

また、台風が直撃して被害が出たあとなどは、露地ものよりも値段が安くなることもある。

ハイテク野菜工場は少しずつ全国に広がっており、21世紀の野菜づくりは、太陽と自然の中ではなく、ハイテク工場で行われることになるかもしれない。

リンゴ
「寒い地域でしか作れない」のウソ

リンゴの産地は寒い地方というのが日本の常識である。じっさい、日本では、青森や岩手、長野県がリンゴの主産地として知られている。

ところが、熱帯の国でも、たまに市場でリンゴが売られている。「あれっ!? 輸入品かな?」と思う人もいるだろうが、じつは東南アジアなどの熱帯でも、リンゴを収穫できるのだ。

といっても、リンゴが実をつけるには、7度以下の寒い期間が2カ月ほど必要になる。リンゴの芽は秋から休眠期に入り、その後2カ月間は寒い時期が続かないと、休眠状態から目覚めないのである。

ところが、常夏のはずの熱帯地方にも、この条件を満たす場所があるのだ。標高100

０メートル以上の高原である。

たとえば、マレーシアのキャメロンハイランド、ビルマのメイミョーなどの高地では、古くからリンゴが栽培されている。とくに、インドネシアのジャワ島東部の高原には、２００万本ものリンゴの木があって、毎年たくさんのリンゴが収穫されている。

ただし、トロピカル・フルーツが豊富な東南アジアでは、リンゴはまだまだ珍しい存在。成田空港の売店でもリンゴが売られているが、これを手土産にすれば、東南アジアやアフリカの人たちに大変喜ばれるだろう。

フグ
下関ブランドが揺らいでいるワケ

フグといえば、下関。

その「下関フグ」のブランドが確立したきっかけは、長州出身の初代首相、伊藤博文の下関訪問だったといわれている。

１８８８年（明治21）、下関を訪れた伊藤が、食べたフグのあまりのおいしさに、豊臣秀吉以来のフグ食の禁止令を解いた。それをきっかけに下関のフグが有名になったという。

下関の南風泊市場の周辺には、現在でも数十社が入居するフグの〝加工団地〟がある。セリ落とされたばかりのフグが次々とさばかれ、肝など毒のある部位が取り除かれていく。フグの処理施設をもつ市場は全国でも少なく、フグが「毒魚」であり、食用にするには特別の技術が必要なことから、全国のフグが下関に集まってきた。こうして、一時は全国のフグの八割が下関に集まるようになり、フグの値段は下関が決めると長年いわれてきた。そして、フグが高級魚化するにつれて、下関産のフグはブランド化してきたのである。

ところが、最近、この下関ブランドの威光が揺らいでいるという。「下関産」と名乗らないフグがどんどん増えているからである。

むろん、その大きな理由は、養殖もののフグが数多く出回るようになったこと。その質も安定して、下関の独占的な地位がくずれたのである。

さらに、地球温暖化の影響で日本近海の海水温度が上昇し、いまでは伊勢湾や遠州灘、宮城沖あたりでもフグが水揚げされるようになったことも、大きな理由である。

一時期、三重や静岡で獲れたフグは、いったん下関へ運ばれ、下関産として出荷されたりしたものだが、最近では産地から直接出荷されるようになっている。フグの卸業者が、必ずしも下関ブランドにこだわらなくなり、直接安い値段で取引きするようになったからである。

また、産地の表示が義務づけられたことも大きかった。これまで、黄海や東シナ海で獲れた天然もののフグは、下関市場に水揚げされ「下関産」として売られてきた。だが、いまでは、「東シナ海産」と表示しなければならず、下関ブランドが使えなくなったのだ。

現在では、天然物のメッカであるはずの下関市内にも、養殖ものを使った安いフグ料理店が増えている。フグの世界でも、まさに「明治は遠くなりにけり」である。

カツオ

初夏が旬になったのは、単に回遊ルートのせい⁉

カツオの旬は初夏。そう思っている人が多いだろう。「目に青葉　山ほととぎす　初ガツオ」という句があるように、カツオは初夏の味としてすっかり定着している。その季節の寿司屋や料理屋には、「初ガツオ入荷」と貼り出してあるものだ。

しかし、グルメ時代の現在では、初ガツオは昔ほどには珍重されなくなっている。というのも、味の点では、むしろ秋の戻りガツオのほうが、脂がのっていておいしいとされているからだ。

そもそも、カツオの旬が初夏になったのは、回遊ルートの関係で、その季節に日本近海にカツオが集まってきたからである。

カツオは、南太平洋で生まれ、海水が温かくなるにしたがって日本近海へやってくる。

そのルートは三つある。

一つは黒潮本流に乗って南西から伊豆沖へ至るコース。

二つめは、小笠原海域からまっすぐ北上して紀伊沖に着くコース。

そして、三つめが、黒潮本流と小笠原海域の中間を北東に上がって伊豆沖へ、というコースである。

これらが伊豆近海で合流後、太平洋側を東北沖へと北上していく。

こうしたルートを通って、カツオが、伊豆諸島近海に群れをなしてやってくるのが、5月から6月。

昔から、それを狙って漁師たちが船を出したので、初ガツオの供給量が増え、カツオの旬は初夏といわれるようになった。

そこで釣り上げられず、東北沖から北海道南部沖まで北上したカツオは、9月中旬から10月にかけて、房総半島あたりに南下してくる。

これが戻りガツオで、夏の間、北の海でプランクトンや小魚をたっぷり食べたカツオは、脂がのって濃厚な味わいになっている。

もちろん、あっさりが好きな人は、タタキで初ガツオというのもいいだろう。濃厚な味わいが好きな人は、刺身で戻りガツオがおすすめ。好みに合わせて食べることが、カツオのもっともおいしい食べ方だろう。

マツタケ

世界各国に支えられている秋の味覚

秋の味覚王「マツタケ」は、国際的にも「マツタケ」と呼ばれている。学名も「トリコローマ・マツタケ」である。

ところが、近年、スウェーデンの研究者が、日本のマツタケとスウェーデンのマツタケのＤＮＡを調べたところ、同じ種であることがわかった。

といえば「おっ、これで、またマツタケの輸入先が増えた」と喜ぶ人がいるかもしれない。

世界でも、マツタケを好んで食べるのは日本人ぐらいだが、いまや国産品のシェアはわずかに５％。広島県、長野県、岡山県、岩手県、京都府などで、細々と収穫されているにすぎない。

山仕事をする人が少なくなって山が荒れ、また異常気象がよく起こる日本では、繊細なマツタケは年々育ちにくくなっているのである。

そこで、残りの95%のマツタケは世界各国から輸入されている。北朝鮮や韓国、中国という古株の他にも、アメリカ、カナダ、ロシア、ニュージーランド、さらに、メキシコ、トルコ、モロッコ、ブータンあたりからも輸入されている。

また、スウェーデンのマツタケが日本と100%同種となると、将来的には北欧からもマツタケが輸入されるようになるだろう。

ただし、マツタケの命は香りにある。その香りは、収穫してからどれだけ早く調理されるかによって決まる。したがって、輸送に手間どる輸入ものは、同じ形、大きさでも、香りが乏しい分国内産より割安になる。

現在、国内産の価格を100とすると、韓国産は50、中国・北朝鮮産は40、カナダ産などは20以下といわれる。日本との距離と価格とが反比例するわけで、北欧産のものが輸入されるようになっても、かなり安い値段で売られることになるだろう。

もっとも、値段以上にスウェーデン産マツタケについて気になるのは、その学名である。日本人が1925年に名づけた「トリコローマ・マツタケ」よりも、20年も早く、スウェーデン産のマツタケは「トリコローマ・ノーシオーサム」と名づけられていたのだ。そのため、両者のマツタケが１００％同種と認定されれば、早く名づけられた学名が採用されることになる。

もちろん、国内外での呼び名は変わらないが、学問の世界で使われる学名だけは、本家ニッポンの名を返上しなければならなくなるかもしれない。

ハチミツ
日本人用をつくりつづける中国のハチ

北京や上海の空港内のお店には、ローヤルゼリーやハチミツを売るコーナーがある。パッケージの表記は日本語のものが多く、見るからに日本人観光客をターゲットにした商品である。

値段は安くて、日本で買えば５０００円はするローヤルゼリーでも半額以下。むろん、普通のハチミツも、日本国内よりもはるかに安値で手に入る。

そして、せっせとミツを集めている中国の働きバチの名誉のためにもつけ加えておくと、日本で売られているハチミツと、中国のハチミツには、品質にほとんど違いがない。じつは、そもそも日本国内で売られているハチミツの約80％は、中国からの輸入品だからである。

ハチミツは、国内で消費される全体量のうち、国産品はわずかに10％。その他の90％は輸入に頼っている。輸入先は、中国を筆頭にアルゼンチン、オーストラリア、アメリカ、ベトナムなどで、中国はその約90％を占めている。つまり、中国のミツバチたちは、日本人の健康志向にこたえるために、せっせと働き続けているというわけだ。

なお、日本国内のハチミツの価格は、花の種類によって違ってくる。最高級とされているのがレンゲで、次にアカシア、ミカンと続く。これは、日本人が色の薄い淡白なハチミツを好むためだ。

ミネラルウォーター
気になる水源の意外な裏事情

近年、スーパーの目玉商品にミネラルウォーターがよく使われる。安売りすると、アッという間に売り切れてしまうのだ。

それくらい、水道水を飲まずに、ミネラルウォーターを使う家庭が増えている。お茶やコーヒーをいれるためだけでなく、調理にもミネラルウォーターを使用する人が増えているようだ。

では、ミネラルウォーターのメーカーがそれを喜んでいるかというと、手放しでは喜んではいない。というのも、いまの日本では、ミネラルウォーターの水源を確保するのが、非常に大変になっているからである。

たとえば、南アルプスのふもとには、有名メーカーの水源が集中しているが、最近は、地下水の大量汲み上げが問題になっている。将来的に、どのメーカーも別の水源を探さなければならないのは確実だ。

ところが、水の豊かなはずの日本でも、水源探しは難事業になっているのである。まず、住宅や工場、農地、ゴルフ場の近くは、廃水で地下水や周辺の土壌が汚れているから、とても使えない。そうかといって、山奥深く入っていけば、水質はよくても、工場を建て製品を運搬するのにコストがかかりすぎる。

日本で水源を探したヨーロッパの会社が、じつに2年以上も探し回り、結局、標高1000メートル近くの国立公園内に決めたというケースもある。

日本の水は、水道水ばかりでなく、じつは山深く入り込まなければ、天然水も飲めなくなりつつあるのである。

▼コメの名前
ひらがな名とカタカナ名でわかるルーツの違い

コメのブランド名には、「コシヒカリ」に「ササニシキ」、「あきたこまち」「ひとめぼれ」「どまんなか」「はえぬき」などがある。

カタカナとひらがなのどちらで名づけるかは、そのおコメを開発した機関によって分けられてきた。農水省主導で開発されたおコメはカタカナ、道府県で開発したおコメにはひらがなという決まりだった。

もともと、農水省（前身は農林省）によって開発されたおコメには、開発された順番に「農林○号」という名前がつけられていた。「コシヒカリ」は、1956年（昭和31）、農林省によって計画され、国の試験場である福井県の農業試験場で誕生した品種で、「農林100号」として登録された。

ところが、とくに味がよかったので、後にブランド名をつけて大々的に売り出すことになった。

そのさい、国の計画で開発した品種だったので、「コシヒカリ」というカタカナの名前がつけられたのだ。

一方、「あきたこまち」は秋田県が独自に開発した品種なので、ひらがなの名前がつけられた。

見た目がきれいなおコメというところから、美人の代名詞である小野小町にちなみ、秋田県を代表するおコメになってほしいという願いを込めて名づけられたという。

もっとも、今は規制が緩和されて、国の開発でも、道府県の開発でも、どんな名前をつけてもかまわないことになっている。

第2章

人気商品に隠された㊙事情

天津甘栗

本当に天津産の栗を使ってるか

列車の旅には「やっぱり、天津甘栗《てんしん》」という人は、まだまだたくさんいるだろう。列車に乗る前、駅のキオスクでお弁当や飲み物と一緒に、天津甘栗を買う人は少なくない。あの小粒の甘栗を口に入れると、甘さがいっぱいに広がってくる。「この天津甘栗の甘さは、何でつけているの？」と思う人がいるかもしれないが、あの味は栗本来がもつ甘さである。

「天津甘栗」と呼ばれる小粒の栗は、中国で収穫されたもので、日本の栗とは種類が違う。ほんのりとした甘さが持ち味なのである。

ただし、その名前から、北京近くの港湾都市・天津で収穫されたものと思うだろうが、本当は天津産ではない。天津甘栗に使われているのは、中国の河北省で収穫された栗である。北京の北方、万里の長城に近い地域だ。

河北省で収穫した栗を、なぜ「天津栗」と呼ぶかというと、その昔、中国の栗は天津港から日本へ出荷されていたから。そのため、中国で収穫された小粒の栗は、すべて「天津栗」と呼ばれるようになったのだ。

日本の栗は、それほど甘くないし、渋皮が取れにくいという面倒くささがある。それに比べて、中国の栗は小粒だが、栗そのものが甘く渋皮も取り除きやすい。だから、釜の中で、砂利と一緒に炒るだけで、渋皮がパキッと取れる「天津甘栗」ができあがるというわけである。

缶コーヒー

「微糖」と「低糖」はどこがどう違う？

夏はアイス、冬はホットでと、一年を通じて愛飲できるのが缶コーヒーの魅力である。サラリーマンのなかには、眠気覚ましや仕事の合間など、缶コーヒーを1日に2本も3本も飲むという人もいるだろう。

しかし、缶コーヒーは小さめの190グラム入りでも、1本あたりおよそ60キロカロリー。日に何本も飲んでいれば、確実に太ってしまう。

そこで近年、各メーカーから〝甘さ控えめ〟をうたった缶コーヒーが売り出されるようになったが、その表示を見てみると、「低糖」「微糖」など、表現がバラバラでややこしい。

しかし、この表示、一見バラバラには見えるが、メーカーが自由に表現しているわけではない。「栄養表示基準」によって一定の基準が設けられているのである。

たとえば、「低糖」「微糖」など、糖類が少ないことを表す場合は、100グラムあたりの糖類が2・5グラム未満であることが条件となる。この条件をクリアしていれば、「低糖」「微糖」など、どの言葉を使って表現してもいいことになっている。

ただし、「甘さ控えめ」「やさしい甘さ」などという表現の場合は別。というのは、甘さは糖類の量ではなく「味覚」とみなされるので、規制の対象外となるからだ。

一方、「糖類〇%カット」という表示もある。これは、別の飲料と比べた「相対評価」で、100ミリリットルあたりの糖類7・5グラムという数値が基準値となっている。これと比べて〝〇%カット〟と表示することで、「低糖」や「微糖」と表示することができるわけだ。

では、「無糖」「糖分ゼロ」「ノンシュガー」など、糖類が入っていない意味の表示をする場合はどうか。これは、100グラムあたりの糖類が0・5グラム未満が条件になる。「0・5グラムの糖分が入っていてもゼロなの？」と疑問に思うかもしれないが、これは、糖類を原料として使っていなくても、製造の過程でわずかな糖分が混じってしまうことがあるからだという。

ちなみに、「低糖」「微糖」の違いだが、ハッキリした決まりはないものの、一般的には「低糖」より「微糖」のほうが甘くないものが多い。

骨なし魚

どうやって骨を抜いている？

「骨なし魚」は、もともと病院食として開発された。入院患者が手間をかけずに食べられるようにと、1998年、冷凍食品加工メーカーが「骨なしタチウオ」を発売したのが始

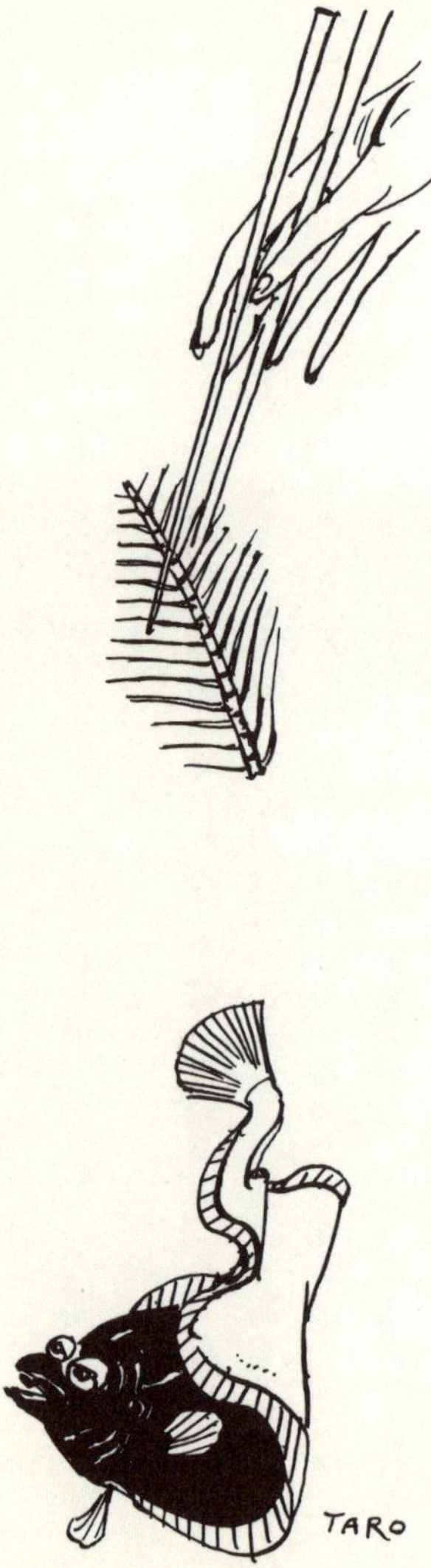

まりだった。

すると、給食用やレストラン用、お弁当用にと注文が殺到。アッという間にヒット商品となった。

ここで思い出してほしいのは、普通の〝骨あり魚〟を食べているところ。たとえば、アジの開きを1枚食べるだけでも、骨を取り除くのはけっこう厄介な作業である。骨なし魚の生産現場では、どうやってたくさんの小骨を取り除いているのだろうか？

と思ったら、なんと、ピンセットで1本1本抜いているという。そんなご苦労な作業をしてくれているのが、タイや中国、ベトナムの20代の女性たちである。

骨抜きの基本は、背骨と腹骨を庖丁で削ぎとり、残った小骨をピンセットで取り除く。骨抜きがいちばん難しいのはサケだとか。遊離骨といって、肉の中に突然ポッンと骨があり、非常に厄介らしい。また、小骨が途中で折れると、肉の中にもぐり込み、指先でさぐっても簡単には見つけられないという苦労もあるという。

だが、手先が器用なタイや中国、ベトナムの女性たちは、1尾あたりわずか4分できれいに抜き取ってしまう。性格的には、取り残した骨があると指摘されたとき、「スイマセーン」と軽い調子で謝るタイプより、「すみません、次から気をつけます」と落ちついた対応をするタイプのほうが、断然うまくて早いという。

現在、タチウオのほか、カレイ、いとよりダイ、サワラ、マアジ、金目ダイ、姫ダイ、サケ、サバ、クロメバル、カンパチなどが、骨なし魚として売られている。

ちなみに、魚の骨をとるのは面倒だが、魚に骨がないのも寂しいとか、不自然でおかしいという人向けに、半分だけ骨のない魚も売られている。

生サーモン
寄生虫が心配なサケが、生で食べられるワケ

昔から、サケは生では食べられないというのが常識とされてきた。天然のサケは、川から海に下る途中に寄生虫がつく。生で食べると、この寄生虫に侵される心配があるのだ。

ところが、最近は、寿司ネタやお刺身として、生サーモンが広く食べられている。「お刺身サーモン」とも呼ばれる「アトランティック（大西洋）・サーモン」が、おもにノルウェーから輸入されるようになったからである。

「アトランティック・サーモン」は、ノルウェーのきれいな海の生簀で、厳しい管理のもとに養殖されている。そのため、寄生虫がつかないばかりか、日本で問題になっている抗生物質もほとんど使用されていないとされる。安心して刺身で食べられるサーモンという

わけである。

また、ノルウェーの養殖業者は、漁業庁の特別免許を取得する必要があり、政府も養殖業者を厳しくチェック。養殖サーモンを安心して食べられるように、立ち入り検査を実施、違反がないか監視している。

しかも、水揚げされたアトランティック・サーモンは、内臓を処理したのち、すぐに日本に向けて空輸される。食卓にのぼるまでの時間は、国内で獲れた魚とも大差がないことも、生で食べられる理由となっている。

それでも、日本でサーモンの刺身に関してアンケートをとったところ、若い人には「おいしい」という人が多かったのに、年配の人には箸さえつけないという人も少なくなかったとか……。

生ビール
居酒屋での原価はどれくらい？

以前は、「居酒屋」というと、学生や中高年の男性が、安い料金で酒を飲みに行くところだったが最近の居酒屋はそうではない。郊外のベッドタウンなどでよく見かけるチェーン店型の居酒屋などは、店内の照明も店員の表情も明るく、メニューも豊富。和洋中はもちろん、沖縄料理、エスニック料理、子供用のアイスやプリンなどもそろっている。こうなると「酒を飲むところ」というよりも、「家族みんなでお食事をするところ」といったほうがいいだろう。

実際、この手の居酒屋を家族サービスの場に使っているお父さんは多いはずだ。なんといっても「居酒屋」なのだから、ファミレスと違って大っぴらに酒が飲めるし、料理の値段はファミレスよりも安い。200円台、300円台という料理もたくさんあるから、育ち盛りの子がいても安心だ。家族は喜び、自分は酒を飲むことができ、おまけに懐は痛まないのだから、お父さんにとってこれほどありがたいところはないだろう。

しかし、メニューに書いてある値段はたしかに「安い」と感じるが、実際に会計をすませてみると、「ファミレスで食事をしたときとほとんど変わらなかった」ということもある。料理の値段は200円台、300円台でも、生ビールは1杯400~500円、酎ハイでも300~400円。料理を安く抑えても、ビールや酎ハイを3杯、4杯と飲めば、やはりそれなりの値段になってしまうのだ。

そこで気になるのがビールや酎ハイ類の原価だが、一般に生ビールは約150円、酎ハイ類は約80円といわれ、酎ハイ類の原価率は2割から3割といったところだ。料理の場合は原価率が5割を超えるものも珍しくないから、ビールや酎ハイの原価率はひじょうに低いといえる。おまけに、ビールや酎ハイの場合は、料理と違って調理の手間もかからないから、店としてはとてもワリがいい。

というと、「そんなのズルい」と思うお父さんもいるかもしれないが、居酒屋はあくまでもお酒を売って儲けるところ。お客とすれば、トータルのお勘定を安く上げるには、酒量を抑えるしかないのである。

ホワイトチョコレート
どうやって白くするのか

「チョコレートは何色?」と聞かれて、赤や青と答える人はいない。普通は「焦げ茶色」と答える。チョコレートを使ったデザート、チョコレートケーキやチョコレートアイスも、たいていは茶色だ。

ところが、菓子店では茶色ではなく、雪のように白い「ホワイトチョコレート」も売られている。

さて、ホワイトチョコレートはどうやって白くしているのだろうか。漂白剤でも使っているのかと疑いたくなるが、じっさいには、原材料の「カカオマス」の扱い方に違いがあるだけだ。

チョコレートは、カカオマス、ココアバター、乳製品、砂糖などからつくられている。カカオマスは、カカオ豆をあぶって皮と胚芽を取り除き、ペースト状にすりつぶしたもののことで、苦味の強いカカオマスが入ることによって、チョコレートはホロ苦い味に仕上がる。このカカオマスの色が、チョコレート色のベースになっている。

一方のホワイトチョコレートは、カカオマスをそのままは入れず、カカオマスに含まれているココアバターだけを取り出して使う。ココアバターは、カカオ豆に含まれる脂肪分で、これだけを使用すると、苦味のないまろやかな味に仕上がるのだ。また、ココアバターは乳白色なので、チョコレートの色も白くなるというわけだ。

ところで、最近では、ホワイトチョコレートだけでなく、イチゴやメロン風味に味つけされたピンクや黄色のチョコレートも発売されている。これでは、どこからどこまでがチョコレートなのかわからなくなりそうだが、世の中にはチョコレートの定義というものが存在する。

「チョコレート類の表示に関する公正競争規約」という決まりで、チョコレートの規格が定められているのだ。カカオの含有量によってチョコレートを分類するもので、カカオマスとココアバターの合計が一定量以上含まれていれば、チョコレートと名乗れることになっている。

逆にいうと、カカオマスが入っていなくて、チョコレート色をしていなくても、ココアバターの含有量で基準をクリアしていれば、れっきとしたチョコレートなのである。

風船ガム

チューインガムの作り方とどこが違う？

大人に人気のガムといえば、虫歯や口臭予防、眠気ざまし効果などをうたっている機能性のチューインガム。一方、子供たちに人気なのは、大きくふくらむ風船ガムだろうか。

ところで、普通のチューインガムと風船ガムでは、噛み心地も伸び具合もまったく違う。この二つは、どこがどう違うのだろうか。

チューインガムも風船ガムも、原材料は同じだ。ガムを噛んだあとに残る味もそっけもない茶色い物体がガムの原料で、「ガムベース」と呼ばれるもの。これは「酢酸ビニール樹脂」という合成樹脂からつくられている。このガムベースに、香料や甘味料などを加えたものがガムとなる。

では、どうやって同じ材料から、普通のガムと風船ガムをつくり分けられるかというと、原料である酢酸ビニール樹脂の「重合度」を変えているためである。

ちょっと難しい話になるが、酢酸ビニール樹脂は、分子がつながって（重合して）できているのだが、普通のガムと風船ガムでは、この分子のつながりの長さが違い、風船ガムのほうが四倍も長いのだ。分子のつながりが長いほど、より伸びのいい膜をつくることができる。

要するに、同じ原料を使っても、重合度を変えることによって、伸びがよくてふくらむガムもできれば、伸びの悪いガムもできるというわけだ。

また、普通のガムと風船ガムでは、天然の植物樹脂の配合割合も違う。天然樹脂を混ぜると香りはよくなるが、硬すぎて噛み心地が悪くなるというマイナス面が生じてくる。

そこで、普通の板ガムには約二割、風船ガムには約八割の割合で、人口樹脂が配合されている。

風船ガムに比べて、チューインガムのほうが香りがいいのは、天然樹脂の配合量が多いことが一つの理由となっている。

スナック菓子
なぜ銀色の袋に入っているのか

古くなったポテトチップスを食べて、お腹が痛くなった経験はないだろうか。

これは、油脂が酸化すると、過酸化脂質という有害物質ができるためだ。じつは、このことと、ポテトチップスが銀色の袋に入っていることは、密接に関係している。

ポテトチップスなど、スナック菓子の袋は内側が銀色になっている。昔は普通のビニール袋が使われていたが、最近はほとんどが銀色の袋である。その狙いは、太陽光線を完全に遮断するためである。

スナック菓子についた油脂は、高温で光が当たると急速に酸化する。そこで、銀色の袋で光をさえぎり、油脂の酸化を防いでいるのである。

ちなみに、東南アジアへ観光旅行したとき、屋台で食事をして下痢をすることがある。そんなとき、よく「油が合わなかった」というが、この場合も、高温のもとで太陽光線が当たり、油の酸化が進んでいたのが原因ということが多い。

旅行先でも、家の中でも、直射日光が当たった油には十分に注意したい。

駅弁

以前ほどの伸びがないのはどうしてか

旅にはいろいろな楽しみがあるが、駅弁を食べるのもその一つ。その土地の特産品をふんだんに使った駅弁を食べると、旅情が高まってくるものだ。

ところが近年、この駅弁、パタリと売れなくなっているという。

駅弁の売り上げのピークは、大阪万博のあった１９７０年、１日に25万食の駅弁が消費

されていたというが、現在はその半分以下にまで落ち込んでいる。いったいどうして、駅弁は売れなくなってしまったのだろうか。

これには、大きく分けて三つの原因がある。第一は、交通手段が多様化したことである。マイカーや飛行機での旅行客が増えた分、鉄道利用客が減少し、それに比例して駅弁の売れ行きも右肩下がりのカーブを描いているということだ。

第二の理由は、鉄道がスピードアップしたことである。この30年間、新幹線が新設・増設されて、旅の高速化が進んできた。そのため、車窓の風景も眺めながら、ゆったりと駅弁を味わう「ゆとり」がなくなってしまったのだ。じっさい、目的地まで2時間を切るような路線では、駅弁の売上げはガクンと落ち込む。

三つめは、コンビニの台頭である。昔は、車内での食事といえば、駅弁しかなかったわけだが、最近は駅の構内にもコンビニがある。しかも、コンビニで売られている弁当は、駅弁の半額以下。それで、駅弁の需要がまた減ったというわけである。

こう三つの原因を並べてみると、どれもなるほどとうなずける。要するに、１９７０年当時とは、旅のスタイルそのものが変わってしまったのだ。

しかし、駅弁の売上げは半減したとはいえ、忘れ去られたわけではない。その証拠にデパートで行われている「全国駅弁フェア」では売り切れが続出している。駅弁が醸し出す旅情を、家庭やオフィスで味わう人が増えているといえそうだ。

無洗米

研がなくても食べられる〝無洗米〟の秘密

「無洗米」とは、名前のとおり、研がなくても（洗わなくても）炊ける米のことである。従来の白米に比べて、①研がずに炊けるので手間がかからない、②環境に優しい、③ビタミンが豊富——という特長をもっている。

最近は、水を入れるだけで炊けるという便利さがうけ、米を大量に使う外食産業の消費に加えて、家庭用の売上げも増えている。

無洗米が環境に優しいといわれるのは、米のとぎ汁にはリンや窒素が多く含まれているため、そのまま流すと海や河川を汚染する恐れがあるからだ。その点、無洗米はとぎ汁を出さないので、環境に優しいといえるのだ。

また、ビタミンが豊富なのは、米を研ぐときに水と一緒に流れ出るビタミンB_1やナイアシンが、そのまま残るというメリットがあるためである。

では、なぜ無洗米は研がずに炊けるのだろうか？

そもそも、ご飯を炊く前に米を研ぐのは、白米の表面に付着した米ぬか（肌ぬか）を洗い流すためだ。肌ぬかがついたままの状態で炊くと、ご飯につやがなく、舌ざわりも香りも悪くなってしまう。しかし、肌ぬかは普通の精米機では取り除くことができない。

一方、特殊な精米機にかけ、肌ぬかを取り除いたものが無洗米だ。すでに肌ぬかを落としてあるので、研がずに炊けるというわけだ。

肌ぬかを取る方法は、白米の表面に付着した粘着性の高い肌ぬかを、同じように粘着性をもったぬかで、はがすように取り除くという方法。

これは、ガムテープをはがした跡をガムテープで取るとキレイに取れるのと同じ原理だ。

このほか、少量の水分で肌ぬかを洗い流してから乾燥させる方法もある。

ちなみに、無洗米を炊くときは、普通の精米を炊くときよりも、10％ほど水を増やすのがおいしく炊くコツ。同じ1合の米でも、無洗米は肌ぬかを落としてある分だけ量が増え、通常の水量では硬く炊きあがるためだ。

また、家庭で保存するときは、1カ月以内で食べ切るか、それを過ぎる場合は冷蔵庫で保存するといい。

ビール缶

飲み口側が底よりも細いのはなぜ？

結婚披露パーティーや、会場を借り切っての宴会など、ちょっとかしこまった席で出されるビールといえば、瓶ビールである。正式な場所で缶ビールというのは見栄えが悪いし、なんとなく安っぽい感じがするからである。

しかし、缶ビールも悪い点ばかりではない。まず、瓶と違って栓抜きを必要としない。軽いので持ち運びに便利である。割れる心配もない。実際、レジャーや晩酌用に飲むビールは、瓶ではなく缶ビールを購入するという人が大半だろう。

軽くて便利なビール缶、ふだんはそのありがたみに気づかないものだが、中高年世代の人は、もう一度、昔の缶ビールを思い出してほしい。昔の缶に比べれば、今のアルミ缶がずいぶん扱いやすくなったことに気づかないだろうか。

日本で初めて缶ビールが生産されたのは、１９５８年のこと。当時、缶の素材に使われていたのはブリキだった。ブリキは鉄に錫メッキしたものだから、当然アルミ缶よりも重く、外側のパッケージ塗装にしても、凝ったデザインは描けなかった。

また、飲み口の開け方も、昔に比べれば改良されている。以前は引き抜くタイプのプルタブ式だったが、今ではゴミの出ないプルトップ式へと改良されている。

さらに、もう一つの違いは、昔の缶は上から下までズンドウの筒型だったが、今のビール缶は、飲み口側（上の部分）が、底よりも細くなっている点だ。ピンとこない人は、冷蔵庫からビールを取り出して眺めてみるといい。上の部分が飲み口に向かって、胴体が徐々に細くなっているのがわかるだろう。

これも、飲みやすくするための改良といいたいところだが、残念ながらこれはメーカーの都合でそうなっているだけ。金属の無駄づかい、つまり無駄なコストを省くための工夫である。

ふたの部分の材料に、胴体部分とは違った高価なアルミニウム合金を使用しているため、できるだけふたの面積を小さくして、コストを節約しているというわけだ。

カレー

スパイスを30種も混ぜるのは日本人だけ!?

カレーライス、カレーパン、カレーうどん、カレー丼と、日本の食文化にすっかり溶け込んでいるカレー。家庭料理としては、市販のカレールーを使えば簡単に作れる手軽さも、人気の理由の一つだろう。

ところが、カレーの本場インドには、カレールーのような便利なものは存在しない。インドのカレーは、各家庭独自のスパイス調合法に基づいて作られ、しかもスパイスの混合比率は、気候や具材、家族の健康状態や食欲によって変えられるのが普通。だから、日本のような、完成品として作り上げられたカレー粉は存在しないのだ。

日本とインドのカレーの違いは、それだけではない。日本では、スパイスの種類が多いカレールーほど、味に深みが出るといってもてはやされるが、インドではそんなことはい

われない。

ためしに、日本のカレーと、インドのカレーを比べてみよう。日本のメーカーが売り出すカレールーは、30種以上ものスパイスが含まれているケースがほとんど。対して、インドのカレーは、「コリアンダー」「クミン」「フェヌグリーク」「ターメリック」「カイエンヌペッパー（とうがらし）」といった基本スパイスを含め、12種も使われれば、多いほうである。

では、スパイスの種類の多い、少ないで、いったいカレーの何が変わるのか？

スパイスの種類の違いは、スパイスの刺激の度合いの差として表れる。両者を食べ比べてみるとわかるが、スパイスの種類の少ないインドのカレーは、「辛い」「苦い」といった味のパンチや香りの刺激が強い。一方、何種類ものスパイスを混合した日本のカレーは、味や香りのシャープさが相殺されて、マイルドに仕上がる。

おまけに、日本では、スパイスをローストしてから使うため、いっそうマイルドな味になる。そのマイルドな味わいこそが、スパイス本来の荒々しい刺激を活かしたインドカレーとの大きな違いである。

なお、日本では「カレーはひと晩寝かせるとおいしくなる」といわれるが、これも寝かせるうちにスパイスの刺激が飛び、日本人好みのまろやかなカレーになるため。とにかく、日本人はマイルドなカレーが大好き。本場のカレーは、日本人の舌には刺激が強すぎるのである。

クロワッサン

見かけはシンプルでも…

キャンパスやオフィスで、昼休みに女の子がクロワッサンを食べている姿を見かけることは少なくない。サクッとした食感と、「クロワッサン」というエレガントなネーミングにひかれて、このパンを選ぶということもあるだろう。そして、見た目がシンプルなだけに、「ダイエット中なので昼食はクロワッサン」という女の子もいるかもしれない。しかし、これはとんでもない思い違いである。

１００グラムあたりのカロリー量を比べてみると、ご飯と食パンが同じで４２０キロカロリーなのに、クロワッサンは５７０キロカロリーもある。クロワッサンは、シンプルな見かけとは裏腹に、けっこう高カロリーな食べ物なのである。というのも、クロワッサンは多量の油脂を含んでいるからだ。三分の一は油脂といわれるが、それは、クロワッサンに触ると指先がべたつくことでもわかるだろう。

クロワッサンのパン生地には、カロリーの高いラードやショートニングオイルが含まれている。食パンと同じように考えてクロワッサンを毎日食べると、気がついたときには、体重計の針がますます大きく振れている、なんてことにもなりかねない。

なお、もっとも警戒すべきは、チーズ・クロワッサン。チーズは高カロリー食品であり、摂取するカロリーはさらに高くなってしまう。

缶詰
円筒形が多い本当の理由

スーパーの缶詰売り場に行くと、ツナ缶、シャケ缶をはじめ、コンビーフ、トマト、フルーツ、カレー粉など、さまざまな缶詰食品が、ところ狭しと陳列されているもの。フタを開けるとすぐ食べられ、しかも、長期保存がきく缶詰は、買いだめにはうってつけの食品といえる。

ところで、缶詰の陳列棚をよくよく眺めていると、ふと「缶詰の缶は、どうして円筒形が多いのか」という、素朴な疑問が浮かんでこないだろうか?

缶詰の缶は、円筒型、楕円型、角型のものに分けられる。このうち、少数派の楕円型は、イワシのように、魚の身を丸ごと詰めるのに適している。また、サンマのかば焼などは、角型の缶に詰めるのが一般的だ。

だが、こうした例外を除き、缶詰はほとんどが円筒型をしている。もちろん、これにはちゃんとした理由がある。もっぱら経済的な理由である。

まず、缶が円いと、製造ラインを転がすことができるため、能率がアップする。ためしに、楕円型や角型のような変形缶と、円筒型の缶の生産速度を比べてみよう。すると、１分あたりの生産速度は、前者がせいぜい20～30缶であるのに対し、後者は１００缶以上。生産効率の違いは明らかだ。

また、缶の表面積が同じ場合、円筒型の缶のほうが、他の形より、中身を多く詰めることができるというメリットもある。

以上のように、円筒型の缶詰は、製造能率を上げ、生産コストを低く抑えられる点で、ほかの形のものより優れているのだ。

ということは、商品を安く購入したい消費者にとっても、おトクな形ということになるわけだ。

▼ズワイガニ
「安いズワイガニは、別のカニ」のウワサは本当？

ズワイガニは、万葉の時代から食べられているカニで、北陸では「越前ガニ」、山陰では「松葉ガニ」と呼ばれている。木の枝が四方に伸びている状態（ずわえ）に似ていることからそう呼ばれるようになった高級ガニである。

毛ガニが人気の北海道では、1パイ1000円前後と安いが、北陸や山陰では1パイ1万円以上するものもある。

それほど高値で取引されるズワイガニが、たまに食べ放題に登場していることがある。「ズワイガニ食べ放題」…そんな看板を目にすれば、ついつい吸い寄せられる人もいるかもしれないが、あまりにも値段が安いズワイガニは、疑ってかかったほうがいい。「ベニズワイガニ」が使われていることが多いからだ。

ベニズワイガニは、本物のズワイガニとは別モノで、値段は1パイ200〜400円。味は格段に落ちる。名前に「ベニ」という言葉がつくとおり、生のままだとズワイガニよりずっと赤い。

しかし、ズワイガニも茹でれば赤くなるので、ボイル後は、素人では見分けがつかない。近年はズワイガニの水揚げ量が減っているので、食べ放題以外でも、けっこうベニズワイガニで代用されている場合があるという。

ベニズワイガニの味は、他の調理法では本物のズワイガニの足元にも及ばないが、みそ汁にしたときだけは、その甘味が独特の味わいになって結構おいしいという。

第3章

知らなきゃソンするお店の裏のウラ

ラーメン店
人気店のはずが突然つぶれる理由

栄枯盛衰の激しい飲食業界のなかでも、生き残り戦争に熾烈を極めているのがラーメン業界。ラーメン激戦区といわれる地域では、新しい店が次々とオープンしているが、口コミやインターネットによる情報交換でいったんブームに火がつけば、あっという間に人気店の仲間入りをする。一方、客の入りが悪い店は、たちまち閉店に追い込まれてしまう。

むろん、すぐにつぶれるようなラーメン店は、単に味がまずかっただけかもしれない。

しかし、不思議なのは、人気店だったはずの店が、いきなり閉店するケースがあることだ。この業界では、マスコミにも取り上げられ、店の外に行列ができていたラーメン店が、ある日突然つぶれてしまうことがあるのだ。

その店のファンにしてみれば、「うまかったのに、なぜ?」と首をかしげるばかりだが、そういう店は、「ブーム」があだになって、閉店に追い込まれることが多いという。

人気店が閉店に追い込まれるまでの経緯を追ってみることにしよう。

まず、店の評判が口コミなどで広まり、それがテレビや雑誌などで紹介されると、急激に客が増える。すると、客をさばききれなくなった店は、厨房設備を拡充したり、家賃の高い一等地に支店をオープンさせるようになる。飲食店経営の専門家にいわせると、これがいちばん危ないケースなのだという。

いわずもがなだが、ブームとは一過性のもの。それが去ったあとは、いくら人気店といえども、客足はピーク時の半分くらいまで落ち込む。

ラーメン店の場合、ブーム期の平均来客数の4分の1をリピーターにできなければ、その後の経営は危うくなるといわれているが、それを見越せずに安易に経営を拡大すれば、あっという間に資金繰りが悪化し、やむなく閉店するハメになってしまうのだ。

もともと味がまずいせいでつぶれるというなら、諦めもつくだろうが、このような失敗で閉店に追い込まれるのは、店主にとっても、そのラーメン店のファンにとっても、じつに不幸なことである。

北京ダック
肉の部分は誰が食べているのか

北京ダックを初めて食べたとき、皮しか出てこないことに驚いた人はいないだろうか。

北京ダックは、ご存じのように、高タンパクのエサで太らせたアヒルを、こんがり焼き上げた料理で、肉ではなくパリッとジューシーな皮を、薄い小麦粉の皮（薄餅）に巻いて食べる贅沢な料理である。

しかし、そうと承知していても、やはり気になるのは、「肉はどうなるのか」ということ。「せっかく一品数千円もする料理を頼んだのだから、肉も一緒に食べたい」と思ったことのある人は少なくないはず……。

はたして、テーブルに出されない北京ダックの肉の部分は、どう処理されているのだろうか？　また、「肉もください」と注文するのは、ＯＫなのだろうか？

対応は店によってさまざまだが、「肉も出してほしい」と頼んでみること自体は、基本的にマナー違反ではないから、勇気を出して頼んでみるといい。

肉の使われ方で多いのは、ラーメンの具などに利用されるケースだ。ほかには、従業員用のまかない料理に使っている店もある。いずれにしても、皮に比べて味の劣る肉は、北京ダック料理の一部としては、扱われないわけである。

その一方で、初めから、肉の部分もスライスして出してくれる店もある。また、肉で何か作ってほしいと頼めば、チャーハンやモヤシ炒めなどに使ったり、サラダにのせるなどして、出してくれるところもある。肉の使い方は、店によってまちまちなのだ。

さらに、本場中国の北京ダック専門店になると、骨でダシをとってスープにするのはもちろん、内臓や、水かき、舌なども別の料理として出されることが多い。日本と違い、あちらの北京ダック料理は、皮・肉・骨で一つのセットなのである。

以上のような事情を踏まえて、もし「贅沢もいいけど、本場風に肉も食べたい」と思う人がいたら、お店に確認してから注文することをおすすめする。その場合、値段がどうなるかも、遠慮なく聞くといいだろう。

超高級寿司屋
タイとブリが消えつつある理由

東京の寿司屋には、タイとブリを置かないところがある。

といえば、「そうかなァ、ボクの行きつけの店では、タイもブリも食べられるよ」という寿司好きの人もいるだろう。たしかに、回転ずしでもカウンターの寿司屋でも、東京のほとんどの寿司屋では、タイもブリも食べられる。

しかし、「超」のつく高級寿司屋ほど、タイとブリを置いていないのだ。

そういう高級店の腕のたつ職人にとって、東京で手に入るタイとブリは、握りたくないようなシロモノなのだという。

たとえば、彼らにとってタイといえば、明石産のことである。関西では、明石のタイはまさに魚の王様扱いである。じっさい、明石産の天然のタイは、他のタイを口にしたくなくなるほどおいしい。

ところが、現在、東京の一般的な寿司屋に出回るタイは、じつはタイですらないことが多い。

「チカダイ」と呼ばれているのはアフリカ原産で、ティラピア類に属する熱帯魚の一種。形と味がタイに近いことから、1962年以来、日本に持ち込まれ、さかんに養殖されている。「イズミダイ」とも呼ばれてきた。

また「アマダイ」と呼ばれているのは、関西では「グジ」という細長い魚。刺身にするとなかなかおいしい魚だが、タイとは別の種類である。

超高級寿司屋とすれば、明石のタイでなければ握りたくないのに、ましてやタイ以外のサカナをタイとして握りたくもない。当然、仕入れからタイは除外されることになるのである。

一方、ブリも、超高級寿司屋の職人にとっては、金沢の寒ブリにとどめをさす。しかし、金沢の旬の寒ブリは、京都の料亭へ行くことはあっても、東京へまわってくることはまずない。だから、ブリの仕入れも見合わせることになる。

こうして、東京の超高級寿司屋からは、タイとブリが消えていく。そこで、寿司ダネの主役は、おのずとマグロになる。

現在、東京には、世界中から最高級のマグロが集まっている。むろん、世界で一番高い値段がつくからである。

お子様ランチ
いつのまにかエビが主役になったのはなぜ？

デパートのレストラン街には、和・洋・中華とさまざまな飲食店が並んでいる。どこに入るか目移りし、フロアを一周する人も少なくない。

ところが、家族連れであれば、どの店に入るか、その答えはけっこう簡単に出る。「お子様ランチ」があるかどうかで選ぶことが多くなるからだ。ハンバーグ、エビフライ、卵焼きと、子ども好みの料理が盛られたお子様ランチは、依然根強い人気を集めている。

さて、近年、お子様ランチにもっとも多く採用されている食材はエビである。全国のお子様ランチの60％に、エビを使った料理が入っているという。とくにエビフライは、お子様ランチに欠かせない定番メニューである。

なぜ、お子様ランチにはエビフライが欠かせないのか。それにはいくつかの理由がある。

一つは、エビフライが子どもにも食べやすい料理であること。ハシがうまく使えない幼児でも、エビフライならフォークで食べられる。また、身は柔らかいし小骨もないから、大人が世話をする必要もない。

二つめは、エビが赤い色をしていることだ。色彩心理学では、子どもが赤い色の食品を好むことは常識。エビフライ自体はキツネ色でも、赤い尻尾がエビ本来の赤色を想起させ、子どもの食欲をそそるというわけだ。

三つめは、つくり手側の理由で、調理に手間がかからないこと。子ども連れの客に対しては、子どもの料理は親よりも早く出すのが飲食店の鉄則である。そうしないと、子どもが泣き出したり、大人のものをつまみ食いしたりするからだ。その点、エビフライは下ごしらえさえしておけば、時間はほとんどかからない。

四つめは、サイズをそろえやすい点である。子供が何人もいる場合、サイズの問題は重要である。大きさが違えばケンカになってしまうこともありうる。その点、エビはもともと規格が厳しい食材であり、サイズをそろえやすい。

というわけで、エビはお子様ランチに必要な条件のすべてを満たしている食材という次第である。お子様ランチ・ワールドでのエビの王座は、当分安泰だろう。

肉じゃが

発祥の地をめぐる激しい論争の経緯

肉じゃがといえば、「元祖・おふくろの味」として、日本人におなじみのメニュー。この肉じゃがを最初に考え出したのは、あの東郷平八郎元帥だという話を知る人は少ないだろう。

東郷平八郎は、ご存じのとおり、日露戦争でバルチック艦隊を破り、国民的英雄となった提督。その彼が肉じゃがの生みの親になったのは、彼が青年時代、英国のポーツマスに留学していたことと関係している。

留学先で食べたビーフシチューの味が忘れられずにいた東郷は、牛肉とジャガイモを使った煮込み料理を、記憶を頼りに部下に作らせた。

この〝和風ビーフシチュー〟、肉や野菜を一度にたくさん摂れるうえ、調理が簡単なことから、以後、海軍の艦上食として定着していく。そして、このメニューが家庭の食卓にものぼるようになり、味つけが多少変わって、肉じゃがとなるのである。

ところが、こうして、肉じゃがの発案者の問題が解決すると、今度はどこが発祥地かという話で、ちょっとした論争が起きるのである。

「肉じゃが発祥の地」をまっさきに宣言したのは、京都府舞鶴市だ（平成7年）。

舞鶴市には、明治34年に海軍鎮守府が開庁され、その初代司令長官に東郷平八郎が着任している。舞鶴市の主張によると、肉じゃがはその在任中に誕生したものだとされている。

だが、この主張に真っ向から反対する市が現れた。広島県呉市である。呉市の主張によると、「東郷平八郎は、舞鶴に赴任する前には呉市におり、肉じゃがを発案したのはその時代」ということになっている。

どちらの主張が正しいか、今となっては断定するのは難しいが、舞鶴市は「肉じゃが発祥の地」のPRとして、「肉じゃがまつり」を開催。平成10年には、ポーツマス市と姉妹都市の提携をした。

対する呉市は、先行する舞鶴市に挑戦状をたたきつける格好で、平成10年の「くれ食の祭典」で、海上自衛隊の協力のもと、海軍の肉じゃがレシピを再現した。

この二つの市は論争する仲とはいえ、お互い、趣向を凝らしたPR合戦を楽しんでいる様子でもある。

ラーメン①
秘伝のスープづくりに必要な経費

ラーメン店でもっとも大変な仕事は、スープの仕込みである。ラーメン職人のこだわりは、このスープの仕込みにこそ発揮される。

もっとも、多くのラーメン店では、専門業者から濃縮スープを購入している。それを薄めてお客に出しているのだ。一方、行列のできるような名店では、もちろんオリジナルな味にとことんこだわって、自家製スープを作っている。

ところが、この自家製スープ、つくってみると、想像以上にコストがかかる。トンコツ、トリガラ、魚介類など、素材にこだわれば、それだけコストが上がるのは当然だが、それ以外にもかなりの出費を覚悟しなければならない。

まずは水道代である。

とくに、トリガラは血管や内臓の取り残しが少しでもあると、てきめんにスープがにごってしまう。そのため水を出しっぱなしにして、ていねいに洗い落とす必要がある。たいていは、その店で修行中の若い人の仕事だが、大量のトリガラを洗い終わるのに、毎日、数時間かかる。その水道代がバカにならないのだ。

さらに、ダシを取り終わったトリガラやトンコツは、その後大量の生ゴミとなる。一般用のゴミ置き場に出すわけにもいかず、特別にお金を払って処分してもらう必要がある。これが月に数万円にもなる。

その他、廃水や悪臭を消す費用を合わせると、月に数十万円ものコストがかかってしまうのだ。

そのため、最初は自家製スープづくりに燃えたものの、採算が合わず、泣く泣く濃縮スープ利用に後退するラーメン店もある。

ラーメン②

他の外食メニューが安くなっても値段が上がる裏事情

最近、外食産業の値段は、競争の激しさなどを反映して、値下げされるか横ばい傾向にある。

ところが、そんな時代の流れに反して、値上がりを続けているのが、庶民の味であるはずのラーメン。いまや、1杯600円から800円は当たり前で、チャーシュー麺など1

000円台に届くことも珍しくなくなった。

かつては気軽に食べられる〝庶民の味方〟だったラーメンが、相対的に高級食化しているのは、こだわりのラーメン職人が増えているためである。

いまでも、化学調味料をたくさん使って安易にラーメンをつくっているような店もある。その一方で、「無化調」といって、化学調味料をいっさい使わず、天然素材を煮込むだけでそれなりのうま味をだそうとすれば、どうしても1杯あたりの単価は高くなってしまう。

ご存じのように、ラーメンのスープは、魚介類や野菜、トリガラ、トンコツなど、複数の素材からつくられる。しかも、こだわり派の職人は、その一つ一つの素材を吟味するた

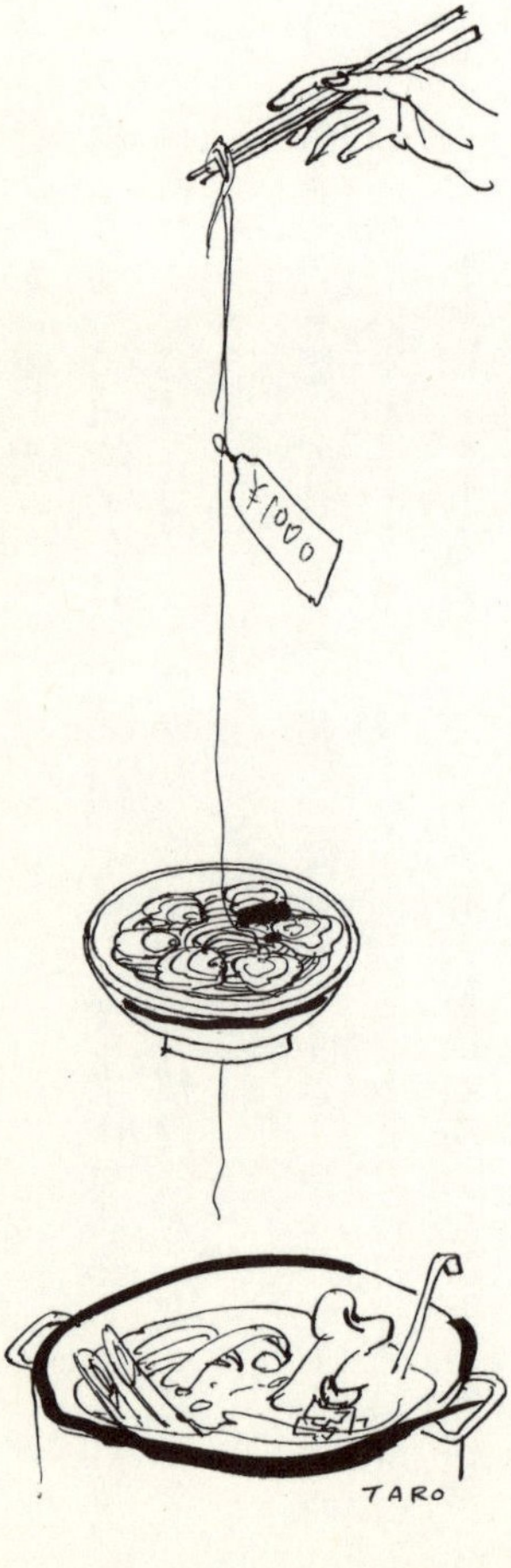

め、どうしても素材費がかさんでしまう。

また、納得のいくスープをつくるためには、寝る時間も惜しんでスープ番をしなければならない。手間をかければかけるほどコストがかかり、ラーメンの値段はどんどん高くなっていくのである。

もっともラーメン好きの舌も肥えてきたので、化学調味料をたくさん使ったラーメン店には、客足が遠のきつぶれていくところも多い。ラーメン店が生き残るためには味にこだわるしかないのだが、こだわればこだわるほど、１杯あたりの値段が高くなるという宿命にある。

ピータン
出来上がるまで数カ月もかかる理由

中華料理店で前菜の盛り合わせを注文すると、まずはアヒルの卵からつくられたピータンが登場する。独特の風味とコクがある味にハマって、ピータンのとりこになる人もいる。

しかし、その一方で、「中華料理は好きだけど、ピータンだけはちょっと苦手……」という人もいる。

その理由を聞くと、見た目がグロテスクだし、だいたいからして卵はナマ物のはず。「腐っているみたいでイヤだ」という答えが返ってくる。

そういわれてみると、たしかに不思議である。なぜ、ピータンは何カ月も腐らせずに保存することができるのだろうか。

ピータンを燻製食品と思っている人もいるだろうが、じつはそうではない。もっとじっくり時間をかけてつくられている。ピータンをつくるには、数カ月の時間が必要なのだ。

新鮮なアヒルの卵を殻ごと石灰、茶葉、塩、炭酸ソーダ、黄泥を混ぜたもので包み、冷暗所で3、4カ月間、密閉貯蔵する。

密閉貯蔵している間に、卵は自然に発酵、熟成し、あの独特の風味とうま味がジワジワと出てくるのだ。卵のまわりは殻で覆われているうえ、いろいろな素材で包まれているので、乾燥を防ぐこともできる。これが、ピータンの保存性の高さの秘密である。

しかし、いくら長持ちするとはいえ、熟成してから半年以上経てば、発酵がますます進んで、最終的には腐ってしまう。

なお、ピータンはアヒルの卵だけではなく、ニワトリの卵でもつくることができる。

寿司①
出前の寿司と店の寿司では握り方が違うワケ

ソバにしろ、ラーメンにしろ、ピザにしろ、出前は早いにこしたことはない。「すぐ食べたい」ことに加えて、食べ物はつくりたてが一番おいしいからである。とくに、ソバやラーメンは、出前の途中で道に迷われでもしたら台無しである。

それなら、寿司はどうか。寿司は麺類ではないし、もともと温かい食べ物でもない。寿司なら、出前に時間がかかっても、味はそう変わらないのでは、と思う人もいるだろう。

しかし、じっさいには、寿司も時間が経てば、どんどん味が落ちていく。シャリは冷えてかたくなり、巻物は湿気を吸ってのりの切れが悪くなる。

それでも、普通の時間内に届けば、店で食べるのとそう変わらない味を楽しめるのは、そこに寿司職人の工夫があるからである。寿司店では、出前の寿司を握るとき、店内で出す寿司とは、握り方を微妙に変えているのだ。

店内の客に出す場合はギュッと握るが、出前の場合はふんわりと握る。そうすると、ある程度時間が経ってからでも、シャリをやわらかく食べられるのだ。ベテラン職人は、親指の使い方だけでいくらでも調整できるという。

また、やわらかく握られている分、出前の寿司は、店内の寿司よりも、見た目が少し大きく見える。見た目大きめの寿司が届けば、客としてはうれしいものだ。多少時間が経ってもおいしく感じるのは、このあたりも影響しているかもしれない。

寿司②
高級ネタほど、量の操作がしやすい!?

高級寿司店にも「明朗会計」を強調する店が多くなった。昔は、値段がわからないまま食べるのが普通だったが、今では、店内に値札が下がっていたり、メニューが用意されている。

しかし、もともと寿司屋は、原価を問うのがナンセンスといえるほど、価格にはあいまいなところがある。そもそも、仕入れ価格が毎日変わるので、本来、定価販売には向かない商売なのである。そのため、急に仕入れ価格が上がったときは、店側では次のような細工をして原価を調整している。

たとえば、その日の仕入れ価格が高ければ、一貫あたりのネタの量を減らすのである。

たとえば、イクラの場合、某寿司チェーンの店長によれば、1キロで20貫~40貫まで作り分けることができるという。

仕入れ価格が高ければ、盛り方を少なくして貫数を増やし、安ければ貫数を抑えてサービスする。イクラは軍艦巻きなのでイクラの量が多すぎても食べにくい。それだけに、量が減ってもあまり気にならないため、ごまかしやすいという。

また、イクラ同様、原価を操作しやすいのが、ウニだという。ウニには、キロ2000円以上の国産ウニから、値段は半額以下の冷凍輸入のウニまである。原価を抑えたいときは、少しグレードを落としても、それに気づく客はめったにいない。さらに、量を少しずつ減らせば原価をグッと下げられる。

さらに、マグロも、種類、部位、肉のつき具合によって仕入れ価格が変わる。種類でいえば、いちばん高いのが本マグロで、以下インドマグロ、メバチマグロ、キハダマグロとなる。しかし、ひと口食べただけで、その違いがわかる人は少ない。

また、店によっては、グレードを落とさない代わりに、ネタを薄くするところもある。ふだんなら10枚のネタをとるのに、数ミリ単位で薄くして12枚、13枚のネタをとる。包丁の入れ方一つで、原価を下げられるわけだ。

寿司飯
どうして、砂糖を入れるようになったのか？

江戸前寿司といえば、にぎり寿司のことで、関西の寿司は、もともとは押し寿司やバラ寿司が中心だった。江戸前寿司と関西寿司は、それぞれ別々に発展してきたもので、作り方はもちろん、寿司飯の味つけからして異なっている。

江戸（東京）では、戦前まで、砂糖は使わず、塩と食酢だけで寿司飯を作っていた。そ

のほうが、ネタである魚の味が際立つからである。その時代、江戸では、江戸前（東京湾）の新鮮な魚が手に入ったので、魚の味を引き立てることが、もっとも重要とされたのだ。

一方、関西では、砂糖を米の10％も入れる。甘口にすると、米が固くなりにくく、殺菌効果も期待できる。関西では、祭りやお祝いなどの前日に寿司を作って、家族で食べたり、客にふるまうことが多かったから、ひと晩置いても大丈夫なように、雑菌の繁殖を抑えることが必要だったのだ。

ところが、戦後になると、江戸前寿司でも、寿司飯に砂糖を加えるようになった。戦後の食糧難に、甘味に対する飢餓に近い状況から砂糖が使われ始めたのである。その後は、米の質が低下し、砂糖を使わなければ、味が保てなくなった。

とりわけ、人工乾燥させた米は、吸水力が弱く、酢をふりかけても十分には吸わない。そこで、砂糖の保水力を利用して、米に酢を吸収させているのである。

また、砂糖を加えると、寿司飯にツヤが出て、輝きが出るという効果も生じる。単に砂糖を溶かしただけではツヤは出ないが、合わせ酢を作るとき、砂糖を溶けやすくするため加熱すると、飴のようなつやが生まれ、輝きのある寿司飯になるのだ。

ちなみに、江戸前寿司が全国に広まったのは、関東大震災がきっかけだった。職場を失った寿司職人たちが、故郷に帰るなど、全国に散らばって店を開いたためである。

▼キャビア
実はこんなにあるいろいろな魚の〝キャビア〟

ごく普通のレストランでランチの前菜にキャビアがついてきて、思わず「ラッキー！」と喜んだ人もいるかもしれないが、その味はいかがなものだっただろうか。

世界三大珍味に数えられるキャビアは、ご存じのようにチョウザメの卵を塩漬けにしたもの。舌ざわりはどこまでも柔らかく、とろけるような食感がするものだ。まさしく「ほっぺが落っこちちゃう」という味わいである。

しかし、意外な場所で出会ったキャビアは、膜がかたく、プチッと卵を嚙むような食感がしたのではなかろうか。それは、世の中に、チョウザメ以外の魚の卵でつくられた〝キャビア〟が、大量に出回っているためである。

模造品には、タラやニシン、トビウオなどの卵が使われている。チョウザメのキャビアと同じように塩漬けにし、その後、調味液に浸けたり、着色されて市場に出回っている。

欧米などでは、これらの模造キャビアは本物とは厳密に区別され、たとえばサケの卵（イクラ）の塩蔵品は「レッドキャビア」として売られている。値段は本物のキャビアと一ケタ、場合によっては二ケタも違う。

本物と模造品の見分け方は、まず色をよく見ること。模造品のキャビアは、着色されて黒光りしているが、本物のキャビアは、くすんだねずみ色をしている。

「キャビアってそれほどおいしくもない」なんて思っている人は、ほとんどの場合、模造品を食べてキャビアと思い込んでいるはずである。

第4章

あの定番食品が定番でいられるワケ

アイスクリーム

賞味期限が表示されない本当の理由

食べ忘れていたアイスクリームを冷凍庫に発見、ところが、賞味期限の表示を探しても見つからず、困ったことがある、という人はいないだろうか。それもそのはず、アイスクリームには、そもそも賞味期限が記載されていないのだ。

「えっ？　加工食品は、賞味期限を表示しないといけないんじゃないの？」と思う人もいるかもしれないが、アイスクリームの場合、賞味期限の表示は「省略」できるのである。

アイスクリームの表示に関する『乳及び乳製品の成分規格等に関する省令』を見てみよう。すると、その第七条第六項に、「アイスクリーム類にあっては期限及びその保存方法を省略することができる」とあるのだ。

ではなぜ、アイスクリームでは、賞味期限の省略が許されるのだろうか？　これには、アイスクリームならではの理由がある。

そもそも、食品に賞味期限を表示する必要があるのは、日数が経つと品質が低下し、食品の安全性に問題が生じるからだが、アイスクリームの場合、通常、マイナス20度以下で冷凍保存されるため、細菌類の増殖などの心配がない。これが、賞味期限の省略が認められる第一の理由だ。

また、アイスクリームは、同じく冷凍保存される冷凍食品に比べ、原料が単純で安定性が高い。そのため、長期保存しても、ごくわずかな品質変化しか起きない。

要するに、冷凍保管されたアイスクリームは、ほぼ〝時間が止まっている〟状態となる。だから、賞味期限という時間の区切りには、あまり意味がない。

しかし、アイスクリームといえども、保存法が悪いと、〝時間〟とともに品質が劣化する。冷凍温度が低かったり、溶けたものを再冷凍したりすると、製造したてのアイスクリームでも味は落ちるのだ。

また、アイスクリームは、においが移りやすいため、においの強いものと一緒に保存するのも避けたほうがいい。

マヨネーズ
日本とアメリカのマヨネーズは、まったく別物!?

「マヨラー」とまではいかなくても、日本人にはマヨネーズ好きの人が多い。卓上調味料として生野菜にかけ、ポテトサラダに使うのはもちろん、たこ焼きやお好み焼き、焼きそばといった、日本ならではの小麦粉料理にも、マヨネーズはなくてはならない存在だ。マヨネーズの消費量で、日本がアメリカに次いで世界第2位であることも、日本人のマヨネーズ好きをはっきり示している。

ところで、そのアメリカと日本では、ひとくくりにマヨネーズといっても、じつは別物であることをご存じだろうか？

マヨネーズには、大きく分けて「卵黄タイプ」と「全卵タイプ」の2種類あって、日本人におなじみなのは前者、アメリカで流通しているのは後者のタイプだ。

では、「卵黄タイプ」と「全卵タイプ」のマヨネーズは、どこがどう違うのか？

まず、卵黄タイプ（日本型）は、その名のとおり、卵の卵黄だけを使ったマヨネーズ。コクがあって、油の割合が比較的少ないのが特徴だ。ポテトサラダやマカロニサラダに向いているのは、こちらのタイプである。

一方、全卵タイプ（アメリカ型）のマヨネーズには、黄身だけでなく、卵白も使われていて、油の割合が高い。ただし、味はマイルドで、舌ざわりがサラッとしているうえ、マヨネーズの他の成分である、酢や調味料の割合は低い。そのため、ソースのベースとして使うには、もってこいといえる。実際、レストランの業務用に使われるのは、多くがこのアメリカンタイプである。

もちろん、この全卵タイプのマヨネーズも、スーパーで手に入る。今後は、用途に合わせて、マヨネーズのタイプを使い分けてみてはいかがだろう。

インスタントコーヒー
どうやって作っているのか

現代人の生活に欠かせないインスタントコーヒー。このインスタントコーヒー、飲むのは簡単だが、製造には意外に手間がかかっている。コーヒーの香りを損なうことなく、コーヒー液を乾燥させるのは、技術的に非常に難しい作業なのだ。

コーヒー液を乾燥させる方法はいくつかあり、もっとも古典的なのは「スプレードライ製法」。これは、コーヒー液を霧状にして熱風の中をくぐらせるというもの。技術的には簡単なのだが、コーヒーの香りが逃げてしまうという難点がある。

そこで開発されたのが「フリーズドライ製法」である。コーヒー液をマイナス40度で凍結させ、真空装置に入れて粉末や固形にする方法だ。この製法だと香り成分の損失が少なくなる。コーヒー液を急速冷凍させると、コーヒー成分分子と香り成分分子の結びつきが強くなるためだ。

この製法で真空装置に入れるのは、コーヒー液の凝固点と沸点を近づけるためである。そうすると、コーヒーの香りを損ねることなく、水分だけをきわめて短時間に気化させることができるのだ。

最近では、「フリーズアロマキープ製法」という新技術も登場している。これは、フリーズドライ製法を進化させたもので、より香りが高く、よりレギュラーに近い味わいのインスタントコーヒーをつくることができる。

ちなみに、インスタントコーヒーの発明者は日本人である。アメリカ・シカゴに住む加藤サトリという男性が、1899年、〝溶けるコーヒー〟として博覧会に出品したのが第一号だとみられている。

ビール
原料のホップとはどんなもの？

居酒屋では「とりあえずビール」が決まり文句である。「とりあえず日本酒」という人は、あまりいない。仕事に疲れた体がとりあえずビールを欲するのは、そのさわやかな喉ごし、香り、苦味が疲れを癒すからだろう。

ビールが麦からつくられるのはご承知のとおりだが、麦だけではあの独特の香りと苦味は出ない。

ビールに独特の香りと苦味を与えるのは「ホップ」の役割だ。

日本人の場合、ホップという名前は聞いたことがあっても、現物を見たことがある人は少ないだろう。ホップとは、いったいどんなものなのだろうか?

ホップは、もとはヨーロッパやアジア大陸に自生していたクワ科に属する多年生の蔓性植物。蔓を伸ばしながら成長し、茎と卵形をした葉っぱにトゲがあるのが特徴だ。その昔は、健胃剤としても使われていた。

ホップの花は雄雌に分かれていて、夏になると黄緑色の花を咲かせる。花の季節が終わると、楕円形をした松ぼっくりの形に似た実をつける。

といっても、ビールに使われるのは、実ではなく花のほうである。受精していない雌花を乾燥させたものを、ろ過した麦の汁に加えるのだ。

ビールに香りと苦味をつけるには、さぞかし大量のホップがいるだろうと思われるが、じつはそうでもない。大瓶1本につき、ホップは1グラム程度しか使わない。たったの1

グラムで、ホップはビールの味を決定づけるというわけだ。

かつおぶし

東西で好みがはっきりわかれる秘密

昔に比べると、かつおぶしからダシをとる家庭は、ずいぶん少なくなっている。市販のダシの素を使うほうが、ずっと手軽だからである。「うちは、かつおぶしでダシをとっている」という人もいるだろうが、さすがに、毎日、昔ながらのかつおぶし削り器を使っているという家庭は少ないだろう。たいていは、すでに削ってあるものを利用しているはず。

そこで、もし、台所にかつおぶしの袋があれば、その裏をちょっと見てほしい。「かつおぶし削りぶし」と書いてあるだろうか、あるいは「かつお削りぶし」と書かれているだろうか。

厳密にいうと、同じかつおぶしでも、東日本では「かつおぶし削りぶし」、西日本では「かつお削りぶし」が主流となっている。というのも、作り方と品質が微妙に違うからである。

かつおぶしは、まずかつおの頭と内臓を取り除き、1時間ほど煮たあと、煙で何度もいぶされる。

西日本の「かつお削りぶし」の原料づくりは、ここで終了。これを削って、料理やお好み焼きのトッピングなどとして使われる。

ところが、東日本のかつおぶしは、もうひと手間かかっている。煙でいぶしたあと、カビの胞子を溶かした水をふりかけ、湿度の高い部屋で1週間寝かせる。これによって、表面に白カビを発生させ、これを天日で干してから料理に使う。

つまり、西日本と東日本では、カビを発生させるかどうか、大きな違いがある。カビのある東日本のかつおぶしのほうが、手間がかかっているぶん高級とされ、味もまろやかといわれる。

では、なぜ、東日本のかつおぶしにカビを発生させるかというと、話は江戸時代にまでさかのぼる。当時、薩摩や紀伊、土佐から、舟でかつおぶしが江戸まで運ばれていた。ところが、輸送の途中でカビが生えてしまった。もったいないので、天日に干してみたら、これがけっこうおいしい。カビがカツオの生臭さを消し、風味を増す働きをしていたのである。

そこから、東日本へ運ぶかつおぶしは、舟の中でカビを生やし、天日で干すという〝手間〟をかけるようになったというわけだ。

そば粉

色の違いは何の違い?

そば屋によって、白っぽいそばを出す店もあれば、黒っぽいそばを出す店もある。また、スーパーなどで売られている乾麺も、メーカーによって微妙な色の違いがあるものだが、白と黒、そば粉の割合はどちらのそばが多いのだろうか。

という質問に、「雰囲気からいって黒っぽいそば!」と答える人もいそうだが、じつは、そばの色とそば粉の割合はまったくの無関係。そばの色の違いは、粉の種類の違いによるのである。

そば粉の種類は、色の濃淡によって大きく三つに分けられる。

一つは、石うすで挽いたとき、まっさきに取れる「一番粉」で、これはそばの実の中心部分から取れる真っ白い粉。もう一つは、一番粉が取れたあと、その周りから取れるやや黒みがかった「二番粉」。さらに、そばの実の一番外側から取れるのが黒っぽい「三番粉」だ。

石うすで挽いたとき、なぜ中心の「一番粉」から出てくるのかというと、そばの実は中心がいちばんもろく、崩れやすいからである。そのため、圧力をかけると、中心部から粉になって出てくるというわけだ。

では、そば粉の種類によって、味のほうはどう変わってくるのだろうか。

まず、一番粉の白い粉だけで打ったそばは、「更科《さらしな》そば」と呼ばれる。味や香りは弱いが、のどごしがなめらかなのが特徴。

一方、黒っぽい二番粉、三番粉で打ったそばは、通称「田舎そば」などと呼ばれ、香りが強い。また、そばの皮が含まれているため、ザラザラしているのが特徴だ。

そば専門店では、これら3種類の粉の割合を独自にブレンドし、食感や香りを調節して

いるというわけである。

なお、そばの製粉は普通は三番粉までだが、さらに四番粉（末粉）まで取る場合もある。この四番粉は甘皮や胚芽が多く含まれ、おもに乾麺用として利用されている。

カツオのたたき

本当にたたいてつくるの？

アジのたたきやイワシのたたきは、身を細かく切って庖丁の側面でたたく。料理屋や寿司屋で出されるアジのたたきを見ると、たしかにたたかれた痕跡がある。

ところが、カツオのたたきには、つぶさに観察しても、庖丁でたたかれた様子はない。同じ「たたき」という料理でも、カツオはたたかないのだろうか。

といえば、高知出身者から「ちょっと待ったぁ」の声がかかりそうだ。本場土佐の「カツオのたたき」は、カツオをたたいているからである。

同じ高知県内でも、地方によって作り方は微妙に異なるが、基本的には、まずカツオを火であぶってから氷水で冷やす。それから水気を拭き取ってニンニクをこすりつけ、タレをかけてあさつきなどをまぶす。その後、タレがよく染み込むように、庖丁の側面でたたいてつくる。

ところが、この料理が各地へ伝わるにつれ、「庖丁でたたく」という作業が省略された。やがて、ニンニクをすり込むことも略され、今では単に火であぶったカツオを冷やした料理として知られるようになった。

そのため、「カツオのたたき」と呼ばれながら、多くの地方で、実際にはたたかれずに客の前に出されている。

なお、カツオを焼くことには、表面の雑菌を殺すと同時に、皮の脂を身に含ませるという意味もあれば、カツオのうま味を閉じ込め、生臭さを消すという効果もある。

梅干し
どんどん甘くなっている不思議

その昔、梅干しは味噌同様、ほとんどが自家製だった。「手前味噌」は、自分の家でつくった味噌が一番おいしいということに由来する言葉だが、最近は、味噌も梅干しも、スーパーで買ってくる商品となっている。

ところが、その市販の梅干しに対する評価の中には、厳しいものもある。お菓子のように甘くなって、梅干し本来の持ち味である強い酸味を失ったと批判する人が中高年世代には多く見受けられるのだ。

現在、市販されている梅干しは二つのタイプに分けられる。「梅干し」と「調味梅干し」である。

梅干しは単純に梅漬けを干したもの。それに対して、調味梅干しは、梅干しに糖類、食酢、梅酢、香辛料などを加えたものである。

そのうち、評判が芳しくないのは、最近、増えている調味梅干しのほうである。

じっさい、手づくりの梅干しに比べ、調味梅干しは、酸味も塩分もかなり少ない反面、糖分は手づくり梅干しの30倍近くも含んでいる。

もちろん、手づくり梅干しの酸っぱさを知る世代には、調味梅干しには見向きもしない人がいる。

しかし、梅干し本来の味を知らないで育った若い世代は、すでに調味梅干しの甘ったるい味に慣れ親しんでいる。

こうして梅干しの世界でも、本来の味が忘れられ、あとからつくられた味が当たり前のものになりはじめている。

納豆

何時間くらい発酵させている？

日本が世界に誇る、ユニークな発酵食品、納豆。あの独特の食感もさることながら、低カロリーで栄養価が高く、血栓症や骨粗鬆症の予防効果があるなど、栄養・健康面でも優れものである。

では、納豆ならではの大豆のうま味と、あのネバネバはどんなふうに引き出されているのだろうか。納豆の製造工程を追いかけてみよう。

納豆の製造には、大きく「蒸煮」「発酵」「熟成」の三つの工程がある。

最初の「蒸煮」の工程では、柔らかく蒸しあがるように、あらかじめ水に浸けておいた大豆を大きな蒸煮釜で蒸し上げる。最適な状態に蒸し上げるためのポイントは、まず１２５度程度の高温で煮詰め、その後、余熱で蒸らすことだ。

こうして大豆がふっくら蒸しあがると、熱いうちに、納豆菌の胞子がスプレーされる。納豆菌は、ほとんどの雑菌が死滅する摂氏１００度の環境でも、生き続けることができるほど強い菌なのだ。

おなじみの白い容器に大豆が盛り込まれるのは、納豆菌のスプレーが終わってから。そして、パック詰め作業がすむと、次はいよいよ、納豆作りでもっとも重要な「発酵」の工程に入る。

納豆の発酵は、納豆菌の繁殖に理想的な、室温36〜40度、湿度95％に管理された醗酵室で行われる。発酵時間は16〜20時間。温度が高すぎても低すぎても、納豆特有の味や香りが生きてこないので、室温はコンピュータで厳重に管理している。

だが、納豆の製造は、発酵して終わりではない。発酵を終えた豆は、続いて冷蔵室に移され、丸一日かけて今度は「熟成」される。この工程で、豆の温度を5度くらいに下げ、うまみ成分を時間をかけてゆっくり落ちつかせる。これで、ようやくおいしい納豆の完成だ。納豆作りには、まさに〝粘り〟が必要ということが、おわかりいただけただろうか。

ハチミツ
「腐らない」というのは本当か？

人類が初めて口にした甘味類とされる、ハチミツ。パンにつけたり、紅茶やレモネードに入れて食べるのはもちろん、ビタミン、ミネラルが豊富であることを考えれば、健康食品として摂るのもいい。

しかも、このハチミツ、半永久的に腐らないとされている。ウソのようなこの話、はたして本当だろうか？

次のような実験が行われたことがある。まず、糖度75％のハチミツと、水で薄めて糖度を20％に下げたハチミツを、ビーカーに用意する。次に、この二つのビーカーそれぞれに、細菌の代表として酵母菌を入れ保温室に置く。

こうして待つこと12時間、二つのビーカーの中で、酵母菌がどれだけ増殖するか調べてみたところ、増殖具合にははっきりとした違いが現れた。

まず、水で薄めたハチミツのほうは、全体が泡立った。酵母菌が働いて、発酵が進んだためである。一方、ハチミツをそのまま入れたビーカーには、まったく変化が生じなかった。

さらに、顕微鏡を使って詳しく観察すると、75％のハチミツのほうでは、酵母菌が仮死状態になって、まったく動く気配はなかった。一方、水で薄めたハチミツでは、酵母菌の活発な動きが確認できた。

以上の実験結果からすると、どうやら「ハチミツは腐らない」という話は本当のようである。では、そもそもなぜ、ハチミツの中では、細菌が増殖できないのだろうか？

これは、ハチミツ特有の、あのとろりとした粘りと関係している。ハチミツの粘りというのは、ミツバチどうしが、ミツを巣の中で口移しで渡したり、羽であおいだりするうちに、水分が飛ばされた結果生じるもの。

加えて、ハチの巣の中は、1年中35度くらいの高温に保たれているため、巣に貯蔵されたミツからは、さらに水分が蒸発していく。こうして、ハチミツは、その中で細菌が動けなくなるほど濃縮されるわけである。

冷凍ピラフ
どうやってゴハンをパラパラに凍らせるのか

同じ米でも、日本の米と、東南アジアで食べられている米はちょっと違う。

「ジャポニカ米」と呼ばれる日本の米は、炊きあげると粘り気が出るが、「インディカ米」と呼ばれる東南アジアの米は、粘り気が少なく、炊いてもパラパラに近い状態となる。タイやインドネシアなどで、インディカ米を食べた経験のある人もいるだろうが、ピラフやチャーハンにするなら、断然インディカ米のほうがおいしいという人は少なくない。

じっさい、日本で売られている冷凍ピラフや冷凍チャーハンでも、調理ずみのお米がパラパラした状態で凍っている。そのほうがフライパンで炒めやすいし、食べてもおいしい。しかし、家庭で残りご飯を冷凍しても、くっついてしまい、パラパラにはならない。市販の冷凍ピラフが、パラパラになっているのは、メーカーの工場で加工するときに、「吹き上げ空中冷凍法」というワザを使っているからである。

工場では、まず炊いたピラフをメッシュになっているベルトコンベアに流す。そして、メッシュの隙間から、マイナス30～40度の冷気を勢いよく噴射するのである。

すると、コンベアの上の米粒は空中に噴き上げられ、1粒1粒がバラバラになった状態で、一瞬にして凍る。こうして、冷凍ピラフやチャーハンは、お米がバラバラになるのだ。

もともとこの方法は、冷凍のグリーンピースがお互いにくっつかないようにと、アメリカで開発された技術。そのワザがお米にも応用されている。

ピーナッツ

大量の殻を誰がどうやってむいているか

おつまみの定番ピーナッツ。説明するまでもないだろうが、落花生のひょうたん型の殻と茶色い渋皮をむき、塩やバターで味つけをした加工豆のことだ。

では、落花生をピーナッツに加工する際、面倒な殻むきはどうしているのだろうか。農家のおばさんたちが1粒ずつせっせとむいているのかというと、そんなわけはない。外側の殻から渋皮まで、皮むき作業はすべて機械化されている。

まず外側の殻をむくため、落花生の実は大皮脱皮機という機械に入れられる。中には、樫の木製の羽があって、この羽が回転し、ひょうたん型の殻を割っていく。割れた殻は羽の風圧で外に飛ばされ、渋皮がついた2粒の豆だけが残るという仕組みになっている。

次に渋皮をむく作業だが、豆を脱皮機に入れる前に、あらかじめ渋皮をはがしやすくしておく必要がある。この下準備には、湯漬け法とロースターで炒る方法の二通りがあり、前者はお湯でふやかし、後者は乾燥させる。どちらかの方法で、渋皮をはがしやすい状態にしてから、脱皮機に入れるわけだ。湯漬け法の場合は、あとで乾燥機に入れるか、天日干しにして、豆をよく乾燥させる。

これで、落花生の皮むきは完了だが、製品になるまでにはまだまだ手間がかかる。豆を油で揚げ、その後余分な油を取りのぞくため、遠心分離機にかける。さらに、用途によって味つけをして冷却。これで、ようやく商品になる。

〝マメ〟に手間ヒマかけないと、ピーナッツはできあがらない。

みそ

赤みそと白みそ、その作り方の大違い

おふくろの味の代表格であるみそ汁も、インスタント食品として売られる時代になった。とはいえ、みその味が画一化されたわけではない。産地や銘柄によって、いまでもさまざまな種類のみそが売られているし、赤みそと白みそでは、色も違えば風味も違う。

赤みそも白みそも、主原料は大豆、こうじ、食塩の３点セット。大豆にこうじ菌といわれるカビの一種を入れて、食塩をまぜて樽に詰め、一定期間熟成させるとみそができあがる。

では、同じ原料を使う赤みそ、白みその色の違いはどこで生じるのだろうか。

まず、一つは製法の違いがある。赤みそは大豆を蒸してつくるが、白みそは大豆をゆでてつくるのである。

大豆は蒸したときにはアミノ酸が残るが、ゆでるとアミノ酸はゆで汁に流れ出る。アミノ酸は、熱を加えると、糖分と結びついて褐色に変わる性質を持っているため、アミノ酸が残っている蒸した豆からつくるみそは赤い色になる。一方、ゆでた豆でつくるみそは、

アミノ酸が流出しているため、白いみそになるというわけだ。

また、みその色は、大豆の量によっても左右される。大豆の量が多いほど色が濃くなり、米こうじや麦こうじが多くなると白くなる。豆こうじを使った名古屋の赤みそが、ほとんど真っ黒に近いような色をしているのは、米こうじ、麦こうじを使っていないためだ。

また、味の面では、赤みそは辛口みそ、白みそは甘口みそともいわれるが、これは塩分濃度の違いによるもの。赤みそは塩分が10〜13％と濃く、熟成には半年〜3年ほどかかるが、保存性は高い。一方、白みその塩分濃度は5〜6％ほどで、熟成期間は短く、保存性が低いという違いがある。

ちなみに、東南アジアや中国にも、みそに似た食品がある。しかし、その多くはこうじ菌を使ったものではなく、クモノスカビという菌を使ったもの。つまり、みそは日本独自の食品なのである。

チクワ

いったいどんな魚からつくられている？

竹、木、金属などの串に、すり身を巻きつけ、あぶり焼きにするとできる、チクワ。煮物やおでんのほか、サラダの具としてもおなじみの食材だ。

では、このチクワ、いったいどんな魚からつくられているのだろうか？

チクワやカマボコといった練り物は、基本的にどんな魚からでもつくることができる。白さを強調したいカマボコの場合は、スケトウダラ、エソ類、グチ類といった白身魚を使うのが一般的。また、高級なものには、ハモ、キス、ヒラメなどの高級魚が使われる。一方、チクワは、外側に焼き色がつくため、スケトウダラ、エソ類、グチ類に加えて、地域によってはイワシやサバのような赤身魚も用いられる。

このほか、かつては、これらの練り物には地元沿岸で獲れる魚が利用されていて、それが、練り物の地方色となっていた。

だが、１９６０年に冷凍すり身の技術が開発されてからは、残念なことに、こうした地方色は一気に薄れてしまった。多くの練り物製品の主原料が、スケトウダラの冷凍すり身になってしまったからである。

ちなみに、練り物を口にしたときの、あの弾力に富んだ食感は、「足」という言葉で表現される。たとえば、「白身魚は足が強く、赤身魚は足が弱い」といった具合だ。

魚を煮たり焼いたりしても弾力は得られないのに、チクワやカマボコに「足」の強さが出るのは魚肉に塩を加えるから。

塩を加えて魚肉をすりつぶすと、タンパク質中の糸状の分子が互いにからみ合い、熱を加えたとき、網目構造ができる。その構造の中に水分が閉じ込められ、あの独特の弾力が生まれるのである。

青汁
原料に使われている野菜は？

「うーん、マズイ、もう一杯！」

というユニークなテレビCMで、一気に知られるようになった「青汁」。テレビ番組では、その一気飲みが罰ゲームとして利用されたこともある。

青汁の原料は、大麦若葉か、ケールという野菜の葉っぱである。

大麦若葉の青汁は、大麦が初穂を実らせる前の葉や茎を絞ったもので、ミネラル、ビタミン、葉緑素をたっぷり含んでいる。ホウレンソウと比べても、カリウム約18倍、カルシウム約11倍、マグネシウム約4倍、ビタミンC約33倍、カロチン約6・5倍となっている。そのため、体内の各機能や新陳代謝を促し、炎症を予防する働きがあるといわれる。

一方、ケールはあまりなじみがないかもしれないが、キャベツの原種といわれる緑黄色野菜。

こちらも、ミネラルやビタミン類がバランスよく含まれていて、肝臓の機能を高め、血中のコレステロールを低下させる働きがあるとされている。

さらに、大麦若葉、ケールとも、皮膚や粘膜を保護する働きがあるため、肌荒れなど美容にもいいという。

一時は、街角に「青汁スタンド」と呼ばれる店ができ、しぼりたての青汁を飲めたのだが、たしかにどうせ飲むのなら、しぼりたてのほうが効果は高くなる。

なお、青汁は、新鮮で無農薬の野菜を買ってくれば、家庭でも簡単につくれる。その場合、青汁に適するのは、大麦若葉、ケールの他、しその葉、パセリ、ダイコン葉、ニンジン葉、小松菜などである。

温泉卵
お湯を使わないで量産できる秘密

大阪のデパ地下に行くと、おばちゃんたちの元気のいい売り声が聞こえてくる。たとえば、麺類コーナーからは、「焼きソバ、どうですか。おいしいですよ。焼かんでもエエ、焼きソバ」という売り声が聞こえてくる。電子レンジでチンするだけでＯＫの焼きソバのことだが、いかにも大阪らしい売り声である。「焼かんでもエエ焼きソバ」に似ているのが、近年登場した「水を使わない温泉卵」である。といえば、「えっ!?」と不思議に思う人もいるだろう。「焼かんでもエエ焼きソバ」より、「水を使わない温泉卵」のほうがよほど不可思議である。

いったい水を使わないで、どうやって半熟状態にするのだろうか?

それを説明する前に、もう一度、温泉卵についておさらいしておきたい。温泉卵は、白身が半熟なのに、黄身だけが固まっているゆで卵のことをいう。白身と黄身の固まる温度の微妙な差を利用してつくることができる。

白身が固まりはじめるのは58度だが、80度近くでなければ完全に固まらない。一方、黄身は65度で固まりはじめ、この温度を保てばほぼ完全に固まる。つまり、温泉の温度が65〜70度であれば、黄身だけが固まった温泉卵ができあがるというわけである。

さて、水を使わない温泉卵は、温泉の代わりに「遠赤外線調理機」という機械が使われる。ゆっくり流れるベルトの上に、卵を置いて機械に通すと、温泉卵になって出てくる。この間、わずかに32秒である。卵の中まで温める遠赤外線を使ったことで、水を使わずに、温泉卵ができるようになって、日もちもいいそうだ。

▼万能ねぎ
大ヒットした背景に何がある?

福岡発羽田空港行きのジャンボ機には、乗客とともにある野菜が運ばれてくる。関東のスーパーなどで売られる「万能ねぎ」だ。

ジャンボ機の客室の下部は貨物室になっているが、そこへ積み込まれる24台のコンテナのうち、半分以上に万能ねぎが積み込まれていることもあるという。

福岡市近郊の朝倉町で生産された「万能ねぎ」が、ジャンボ機で東京方面へ出荷されるようになったのは1983年(昭和58)。当時、野菜の値段が全国的に値下がりし、福岡県園芸連の東京事務所では、何か首都圏で売れる野菜はないかと頭をひねっていた。

そのとき目をつけたのが、東京ではまだ高値で取引されていた「あさつき」である。

食べてみると、福岡産の「青ねぎ」とよく似ている。「ひょっとすると、イケるんじゃないか」と、空輸を決断したという。

しかも、青ねぎは生で食べてよし、煮てもよし、薬味にしてもよしということから、名前を「万能ねぎ」と変えることにした。このネーミングが首都圏の主婦にうけて、名前を変えた青ねぎは最初の年に販売額1億円を突破、翌年には15億円を越えるヒット商品となったのだ。

たしかに、万能ねぎは、5センチぐらいの長さに切ると、関東の白ねぎの代わりに使える。さっとゆでると柔らかくなるので、わけぎの代わりにもなる。みじん切りにすれば、あさつきのように薬味としても使えると、その万能ぶりが重宝がられている。

第5章

知らないとちょっと怖い⁉ 食べ物の流通事情

コーヒー豆

「新茶」「新米」のように〝新豆〟もあるの？

日本茶にしろコメにしろ野菜にしろ、農産物はとれたてがいちばんである。新しく収穫されたものは、「新茶」や「新米」、「新たまねぎ」や「新じゃが」などと呼んで区別され、その時期になると消費者はこぞって買い求めるが、それはやはり、新鮮なものは文句なしにおいしいからである。

ところが、同じ農産物でも、収穫期がわからないのがコーヒーである。まあ、日本はコーヒー豆を100％輸入に頼っている国だから、収穫期といわれてピンとこないのも当然の話かもしれない。しかし、一般にあまり知られていないだけで、コーヒーにも新豆はちゃんと存在する。

ただし、いつごろ収穫されたものが「新豆」に当たるかというと、これは一概にはいえない。コーヒー豆は生産地によって収穫時期が異なるからである。また、収穫からどれくらい経つと、新豆と呼べなくなるかという明確な基準もない。

だが、「新豆」と呼ぶ基準だけはある。コーヒーには10月1日～翌年の9月30日を一つ

のサイクルとした「コーヒー年度」という独特の期間の単位があり、それに基づいて新豆かどうか判断されるのである。

具体的には、コーヒー年度内に収穫したものは「カレントクロップ」、そのなかでもとれたての特徴を残した豆を新豆、「ニュークロップ」と呼ぶ。逆に2年以上置いた豆は「オールドクロップ」と呼ばれる。

さて、気になるのはニュークロップの味のほうだが、新茶や新米のようにおいしいのだろうか。

ニュークロップは、酸味、甘味ともに強いのが特徴といわれる。新豆は水分量が多く火が通りにくいため、深く焙煎することになるので苦めになりやすいのだ。つまり、新豆だからといって飛び抜けておいしくなるわけではなく、人によっては、酸味の落ち着いた、柔らかい味のオールドクロップを好む人もいるということだ。

コーヒー豆の場合には、とれたてがもっともおいしいという農作物の〝法則〟は当てはまらないのである。

野菜
どうして消費期限が表示されない?

スーパーで売られている商品のほとんどには、消費期限や賞味期限が表示されている。缶詰やレトルト商品はもちろん、肉や魚、貝類にも、パックに日付入りのシールが貼りつけられている。

ところが、野菜だけは、消費期限も賞味期限も明示されていない。おそらく、消費期限つきのダイコンやトマトを見た人はいないだろう。

その理由は単純で、野菜の場合、自分の目で見て消費期限を判断できるからだという。もともと食品衛生法が、消費期限や賞味期限の表示を義務づけているのは、「その商品の変化の程度が見た目で判断しにくいもの」である。

たとえば、肉や魚、貝類は、どれくらい悪くなっているか、見た目では判断しにくい。「大丈夫だろう」と思って食べたら、予想以上に細菌が繁殖していて、お腹をこわすこともありうる。まして、缶詰やレトルト食品の場合は、じっさいに食べてみないと、いたんでいるかどうかわからないことが多い。

それに比べて、野菜は鮮度が落ちてくると、変色したりしおれたりする。さらに、もっと時間が経つと、黒ずんだりべとついたりする。

消費者が、見た目で「もう食べられない」と判断しやすいので、消費期限も賞味期限も表示されていないのである。

サクランボ
つい最近まで関西人が〝生〟の味を知らなかった理由

いきなりだが、１９８０年以前に生まれた関西出身者で、子供のころに〝生〟のサクランボをたらふく食べた経験のある人はいるだろうか。

「うちは、子供のころから、おやつにしょっちゅうサクランボが出てたなァ」という人は、サクランボ農家を親戚に持つ人に限られるだろう。

というのは、関西で生のサクランボが食べられるようになったのは、意外に最近のことだからである。サクランボの産地といえば、「佐藤錦」で有名な山形県だが、まだ流通が未発達だったころは、サクランボの出荷先は県内、もしくは近県、遠くても東京止まりだった。サクランボは、ひじょうに傷みが早いため、はるばる関西圏まで出荷されることは、ほとんどなかったのである。

また、以前は生食用の品種が少なく、缶詰品が主流だった。関西人に限らず、サクランボといえば赤いシロップ漬けだったというイメージを持つ人が多いのは、生食用のサクランボ生産が少なかったためである。

ところが、1980年代に入ると生のサクランボの生産が急増し、全国に流通するようになった。なぜだろうか?

その理由は、〝ライバル〟の出現である。アメリカ産の輸入自由化によって、アメリカンチェリーが店頭に並ぶようになったのだ。そして、それまでのほほんと缶詰用のサクランボを作ってきた農家も危機感を感じ、アメリカンチェリーに対抗すべく、生食用の佐藤錦に切り替えたのである。

それと同時に、低温輸送の技術研究が進み、短時間で長距離輸送を可能とする高速道路も整備された。それでようやく、関西への本格的な出荷が可能になったというわけだ。

そうして、今では、全国どこででも食べられるようになったサクランボではあるが、日本産のサクランボは値段が高い。

まして佐藤錦ともなれば、庶民がおいそれとは口にできない高級品。佐藤錦に限っていえば、１９８０年代以前に生まれた人でも、それ以降に生まれた人でも、たらふく食べた子供はあまりいないだろう。

有精卵

〝有精〟の有精卵が少ないワケ

健康志向の高まりで、卵は卵でも、銘柄鶏の卵や、飼料の工夫によって、栄養分を強化した卵が人気を集めている。

有精卵も例外ではない。有精卵というのは、オス鳥とメス鳥を一緒に飼育し、受精させて産ませる卵のことで、普通の「無精卵」よりも、コクがあるとされている。

ただ、栄養面では、じつのところ、無精卵との差が認められているわけではない。にもかかわらず、有精卵に人気があるのは、ヒナとして生長できる生命体であるため、「なんとなく体によさそう」な感じがするからではないだろうか。

有精卵と無精卵、どっちを買うかは、各自のご判断におまかせしたいが、一点だけ注意したい点がある。それは、有精卵がすべて〝有精〟とは限らないという点である。有精卵として売られる卵に、無精卵が混じっていることもあるのだ。

なぜ、そんなことが起こるのか？　これは、ちょっと考えてみれば、わかるはず。

有精卵というのは、前述したように「オス鳥とメス鳥を一緒に飼育し、交尾で受精させて産ませた卵」のことだが、飼育小屋にある卵が、すべて受精卵である保証はない。ニワトリは、受精しなくても、卵を産むからだ。

もちろん、有精卵と無精卵を見分ける方法も、あるにはある。卵を割って、卵黄の白い小さな点を見てみればいいのだ。この白い点は、卵子の胚盤に当たるもので、受精していれば、それが目立つようになる。

だが、卵を割ってしまったら、商品として通用しない。結局、生産者にとっても、購買者にとっても、有精卵かどうかを見分ける方法は、ないと同じことになる。

「全部が有精卵とは限らない」と知ったうえで、買うのか買わないのか——これも食べる人それぞれの判断にまかされることだろう。

スーパーの野菜
プラスチックフィルムで包装されている理由

外国のスーパーでは、野菜がワゴンの上にゴロゴロと積み上げられているが、その無造作ぶりにびっくりした経験はないだろうか。日本のスーパーの整然としたディスプレイに慣れていると、つい「品質は大丈夫なの？」と疑いの目を向けたくなるものだ。

日本のスーパーでは、野菜は種類ごとに美しく陳列されるのが当たり前。ごていねいにプラスチックのフィルムで包装されている。しかも、よく観察してみると、その包装の仕方にもいろいろあることがわかる。

たとえば、レタスの場合は、袋状になったフィルムに入れられて、袋の口がぴったりと閉じられている。ナスやキュウリは、数本まとめてラップで包まれていることが多いが、これは、業界では「密封包装」と呼ばれるもの。

また、サニーレタスやホウレンソウの場合は、袋の口が開いたままになっている。さらに、ジャガイモはフィルム袋の口を細いテープでとめてあるが、袋にはポツポツと小さな穴が開いている。これは、「開封包装」と呼ばれる包装法である。

これらの包装を、「過剰なんじゃないの?」と苦々しく感じる人もいるだろうが、野菜をフィルムに包んでいるのは、見栄えをよくするためでも、過剰包装でもない。鮮度を保つためにフィルムに包んでいるのである。

あのフィルムには、気体を通しやすく、水分は通しにくいという性質があり、それが野菜の鮮度を保つのに大いに役立っているのだ。

一般に、空気中の酸素はおよそ21%、二酸化炭素はおよそ0・03%だが、野菜をフィルムで包装すると、野菜の呼吸によってフィルム内の酸素は減り、二酸化炭素が増えていく。

しかし、フィルムには気体を通しやすいという性質があるため、再びフィルム内の二酸化炭素が外へ排出されるのである。

こうして、1、2日のうちに、フィルム内の酸素と二酸化炭素の量は3％程度になるのだが、これが野菜にとってベストな環境といわれている。

低酸素・高二酸化炭素の環境に置かれると、野菜の呼吸が抑えられ、甘味やビタミンなどの栄養素の減少を遅らせることができるのである。

米

古米をマズくしている意外な原因

秋も深まると、その秋収穫されたばかりの新米が出回る。行きつけの定食屋やお弁当店に「新米入荷」という張り紙が出ると、なんだか得をした気分になるものだ。

それだけ、新米に胸が踊る背景には、「古米は味が落ちる」というイメージがあるからだろう。たしかに、収穫後、貯蔵され、翌年の梅雨を越した古米は、めっきり味が落ちてくる。

その原因の一つは、日本の地価の高さにある。

そもそも、米は保存性の高い穀物で、籾《もみ》つきのまま保存しておけば、古米、古々米となっても、それほど味は落ちない。

じっさい、籾つき状態で貯蔵すると、かなりの年数が経っても米は発芽する。つまり、米が生きているのである。

ところが、現在の日本では、籾つきでの貯蔵はほとんど行われていない。たいてい、籾がらを取り除き玄米にして貯蔵される。

これは、籾つきで貯蔵すると、玄米の倍近い容積になり、それだけたくさんの倉庫が必要になるからである。むろん、多くの倉庫が必要になれば、地価の高い日本では貯蔵費用がかさむことになる。

だが、玄米にしてから貯蔵すると、胚芽に傷がつきやすいし、害虫もつきやすくなる。そのため燻蒸《くんじょう》処理が必要になる。この処理を行うことによって、米の味が落ちてしまうのである。

戦前は、米は蔵に籾つきのまま貯蔵され、少しずつ玄米にして市場へ出荷されたものだった。現在は、味が落ちた古米に香りの高い品種を混ぜるなどの細工をほどこして、市場に出荷されている。

ワカメ
養殖ものが食卓に並ぶまで

日本人とワカメは、切っても切れない仲といえる。そのつき合いは米以上に古く、日本人は有史以前からワカメを食べてきた。ワカメは、２０００年以上にわたって、日本人の健康を支えてきてくれた食材といってもいい。ワカメの栄養価は驚くほど高いのだ。牛肉と比べて、含有するカルシウムは２００倍、ビタミンAは40倍も含み、高血圧や成人病に有効なばかりか、美容食としてもきわめて優秀。ワカメをたくさん食べる地域の人たちは、元気で長生きといわれるくらいだ。

それほどヘルシーなワカメだが、現在ではほぼすべてが養殖ものとなっている。海岸に打ち上げられるワカメを拾っているだけでは、とても日本中にワカメの味噌汁を供給できない。１９５０年代に開発された養殖法が、日本の味を支えてきた。

とはいえ、ワカメの養殖といわれても、どうするのか、なかなかイメージできないのではないだろうか。むろん、魚の養殖とはまるっきり違った方法である。

ワカメの養殖に必要なものは、ウキとオモリをつけたロープだけ。このロープに、ワカメの胞子をつけた糸を巻きつける。そして、このロープを海に浮かべておくだけで、胞子から若芽が出て成長していく。そして、ロープごと船に引き上げれば、収穫できるというわけである。

激しい潮流と荒波にもまれるほど、新陳代謝が盛んになり、厚くて身のしまったワカメになる。そのため、岩手県と宮城県の三陸海岸沖、徳島県の鳴門や関門海峡など、日本有数の激流地帯が名産地となっている。

サンマ

なぜ昔より塩辛くなったのか

「さんま、さんま　さんま苦いか、しょっぱいか」というのは詩人佐藤春夫の詩の一節。このフレーズを人々が口にするのは、ひと塩して焼くサンマの身が塩辛く、ハラワタが苦かったからである。

ところが、最近のサンマは、ひと塩する前から、すでに塩辛いと指摘されている。その塩辛いサンマを塩焼きにするのだから、近ごろの焼きサンマはしょっぱすぎるという人が少なくない。

サンマがしょっぱくなった原因は、その流通過程に求められる。まず、サンマ漁船は、網にかかったサンマを海水と氷とともに魚倉に入れる。陸揚げ後の加工工場の魚倉タンクでも、サンマは海水と同じ濃さの塩水に入れられている。さらに、出荷の際にも、氷とともに塩が振り込まれる。

サンマの流通過程でこれほど塩が使われるのは、サンマの鮮度を保つためである。サンマは塩水に浸けていないと、青みのある皮が白っぽく変色して、見た目が悪くなってしまうのだ。

そして、流通過程で塩がたっぷりしみ込んだサンマを、家庭ではさらに塩を振って塩焼きにする。だから、最近の焼きサンマは過度に塩辛くなってしまうのである。

また、サンマのハラワタもまずくなったといわれるが、これは漁法が変わったことが原因である。昔は、サンマが少しずつ網にかかる刺し網漁だったのが、いまは一度に大量にすくい上げる棒受け網漁になった。

そのため、網の中でサンマが押し合いへし合いして落ちたウロコをのみ込んでしまう。ハラワタにそのウロコがつまって味が落ちるというわけだ。

クジラ

DNA鑑定が必要になった理由

クジラ肉の〝戸籍〟づくりが進められている。将来はクジラ肉を食べるとき、その戸籍を調べれば、いつ、どこで捕獲されたクジラなのかすぐにわかるようになるという。

その戸籍づくりのデータとなるのが、DNA鑑定である。

クジラのDNAは、人間と同じように1頭ごとに異なっていて、その情報は数字データで表すことができる。そのデータを登録しておけば、クジラを1頭ずつ識別できるというわけである。

DNA鑑定までしてクジラの戸籍がつくられているのは、密漁や密輸を取り締まるためだ。

いま日本で食べることのできるクジラ肉は、調査捕鯨で捕獲されたミンククジラ、沿岸小型捕鯨のツチクジラやコビレゴンドウ、イルカ類、それに商業捕鯨の停止前に捕獲され、保存されているクジラ肉である。

しかし、クジラ肉が貴重になったので、密漁や密輸が行われている可能性もある。じっさい、自然保護団体などからは「不正なクジラが流通しているのではないか」と指摘されている。

そのため、正規に捕獲されたクジラと、密漁、密輸のクジラを識別するため、クジラのＤＮＡ鑑定が行われているのである。

イワシ 値段の交渉中にも値段が下がる裏側

イワシといえば、大衆魚の中でも代表的な存在だった。寿司屋で「イワシ」と注文するときも値段の心配をする必要はなかった。実際、かつては、あまりにたくさん取れすぎて余るので、魚好きのネコさえそっぽを向いてしまう「ネコまたぎ」とバカにされたこともあった。

ところが、平成になってから、マイワシの漁獲量は減る一方で、一転して貴重な魚となった。漁業関係者の中には「このままいけば、幻の魚となるかも」という人までいる。

しかし、漁獲量は少なくなっているといっても、イワシの値段はそれほど上がっていない。

というのも、トロと同じお金を払ってまでイワシを食べようという消費者は、少ないからである。

そこで、〝高額イワシ〟はとくに新鮮なものに限られ、そうでないものはセリで値段の交渉中にも、値段が下がり、最初の半額まで落ちてしまうことがある。

これは、魚偏に弱いと書く「鰯」という漢字からもわかるように、イワシが痛みやすい魚であるためだ。

マイワシは魚の中でもとくに傷みが早い。氷蔵しても、刺身にできるのは4日が限度。消費者の手に渡るときには、ほとんどのマイワシは限界に近づいているのである。

しかも、もともとマイワシは、漁獲量のすべてが食用だったわけではない。人が食べるのは1割～2割で、残りは冷凍されて養殖魚のエサになったり、フィッシュミールや魚油などの加工原料にされてきた。

水揚げ量が減っているといっても、まだまだ食用分が不足する状態にまではなっていない。

そのため、仲卸業者も、マイワシを大量に仕入れる必要はない。一方のセリ人は、翌日に持ち越したくはない。そこで、自然と競るほうが買いたたくことになり、とくに、市場が休みになる前日は、交渉中にもドンドン価格が下がっていくという。

ただし、高級料亭や高級寿司屋で使われている上物の特大マイワシは、高額で取引されている。

そのマイワシの漁獲量がピークとなったのは、１９８８年。史上最高の４５０万トンを記録してから、しだいに漁獲量は減ってきている。現在では、その１００分の１にまで減ってしまった。

しかし、このマイワシを養殖しようという声は、ちっとも聞かれない。たとえ養殖しても、事業としては成立しないといわれている。

養殖をしようと思えば、大きな生簀と弱い魚だけに高い技術力が必要になる。さらに、人件費もかかるし、エサ代もバカにならない。その一方、イワシが取引される値段は、それほど高くないからだ。

ラム

ジンギスカン鍋は突然流行したわけではない！

マトンやラムなどの羊肉というと、レストランでもも肉のローストや煮込みを食べるくらいで、近年人気のジンギスカン鍋を除けば、日本人にはあまりなじみのない肉である。

たとえば、2002年度における、食肉の国内流通量を見ても、多い順に、豚肉の234万トン、鶏肉の175万トン、牛肉の123万トンで、続く羊肉・ヤギ肉は、わずかに4万トン。〝三大食肉〟に大きく水をあけられた格好だった。

ところが、2003年、羊肉の消費量に大きな変化が見られた。首都圏を中心としたスーパー・食品店などの店頭に、続々と羊肉が並ぶようになり、販売量が激増したのである。とくに、ラム肉の販売量は、店舗によって、前年度の3倍～5倍もの伸びを見せたところもあった。

この突然の〝ラムブーム〟の背景には、お察しのとおり、米国でBSE感染牛が見つかったことや、鳥インフルエンザが流行したという事情があった。この年、消費者はより安全な肉を求めて羊の肉に目を向けたのである。

また、小売業や食品業界も、明るい話題で食肉業界を盛り上げようと、羊肉の売り出しに積極的に動き始めたこともあった。「21世紀ラム肉ブーム到来」とうたって、ラムのレシピやジンギスカン鍋を、スーパーの試食コーナーに並べる企業が現れたほか、お祭りにバーベキューの店を出す業者も見られた。また、ニュージーランド大使公邸でも、羊肉の試食会が開かれた。

業界は、羊肉を牛肉、豚肉、鶏肉に続く〝第4の食肉〟に育てようと努力したわけである。近年のジンギスカン鍋人気がその延長線上にあることは、言うまでもないだろう。

赤玉卵

赤玉が人気でも、なかなか流通量が増えない理由

スーパーなどの店頭に並ぶ卵には、殻が白いものと赤いものと、二つのタイプがあるが、そもそも殻の色の違いはなぜ生まれるのだろうか?

答えは簡単で、親鳥の品種が違うから。

日本で、主に流通している白玉を産むのは、イタリアはリヴォルノ市（英語名レグホーン）を原産とする「白色レグホーン」という品種。

一方、最近人気の赤玉は、褐色の羽毛の「ロードアイランドレッド」をはじめとする、赤玉鶏が産む卵だ。世界的に主流なのは、じつはこちらの品種で、ヨーロッパでは卵といえば赤玉とされるくらい一般的である。

殻の色が違う理由はわかったが、もっと気になるのは、白玉と赤玉の値段の違いである。知ってのとおり、両者を比べると、赤玉のほうが値段が少々お高い。では、そのぶん栄養価も高いといえるのだろうか？

答えは、ノー。赤玉と白玉では、栄養価はもちろん、味においても違いはないのだ。では、なぜ値段が違うのかというと、それには鶏の産卵率が関係している。

白玉を産む白色レグホーンは、鶏の中でも、産卵率が抜群にすぐれた品種で、年間200個もの卵を産むことができる。ただ、ガリガリに痩せていて、食用には向かない品種だ。

一方、ロードアイランド系の赤玉鶏は、産卵率がやや低いことと、体重が重いのが特徴。肉用にもなるが、飼料をたくさん食べるため生産コストがかかる。これが、白玉より赤玉のほうが値段が高く、流通量が少ない、そもそもの原因である。

ただし、値段が高いと売り上げが落ちるため、近年は、赤玉鶏にも、レグホーンの特長を組み込むような品種改良が行われている。その結果、赤玉鶏の産卵率は上昇、値段は以前より落ち着いてきている。

丸大豆醤油

「丸大豆」といっても、特別丸くはない理由

醤油は日本人の食生活に欠かせないものだが、この醤油に、「丸大豆醤油」と銘打った商品が、グンと増えていることにお気づきだろうか？

コマーシャルにもよく登場するから、「丸大豆」という言葉自体は耳になじんでいると思う。だが、「丸大豆」がいったい何を意味するのか、知る人は意外に少ないだろう。

「丸大豆」の〝丸〟は、形のことをいっているのではなく、大豆を「丸ごと」使っていることを意味する。

では、「大豆を丸ごと使う醤油」と、「大豆を丸ごと使わない醤油」は、どう違うのだろうか？

まず、「丸ごと使わない醤油」は、脂質を搾り取った「脱脂加工大豆」を使って作る醤油のことで、搾り取られた脂質は「大豆油」として利用されている。

一方、「丸ごと使う醤油」では、収穫したまま、搾油を行わない「丸大豆」が使われる。

したがって、これらの決定的な違いは、脂肪分が含まれているかどうか、ということ。

ただし、脱脂した加工大豆の醤油より、丸大豆醤油がおいしいわけではない。タンパク質の比率が大きい脱脂加工大豆を使うと、それはそれで、コクのある醤油になるからだ。

なお、両者の違いを見分けるには、購入の際に、原材料の表示欄を見るとよい。丸大豆醤油の場合は「大豆」、脱脂加工大豆の場合は「脱脂加工大豆」と表記されており、どちらのタイプの醤油か、簡単に見分けられる。

第6章

あの食材にまつわる意外な裏話

玄米

かえって体に悪いケース

ふだんから健康に気をつかい、食べ物の安全性にこだわっている家庭では、白米ではなく、玄米を食べることが多い。玄米を食べていると聞くと、「ヘルシー志向の人だな」と反射的に思うくらいだ。

「玄米＝健康食」というイメージが定着しているわけだが、そういうイメージだけで玄米を食べていると、かえって体に悪いケースがあることをご存じだろうか。

もちろん、完全無農薬の玄米を食べていれば問題はない。ところが、普通に農薬を使用してつくられた米の場合、玄米で食べると、かえって白米よりも多くの農薬を体の中に取り込むことになりかねないのだ。

農薬は、表皮の内側にたまる性質があり、玄米の胚芽やヌカの部分に残留しやすい。つまり、農薬を使用して育てた玄米をよく洗わずに食べると、白米より多量の農薬を食べることになりかねない。つまり、健康のために玄米を食べているのに、より多くの農薬を体内に蓄積することになるのだ。

ただし、過剰に神経質になる必要はない。ていねいに洗えば、玄米の農薬はほとんど落ちるといわれている。体にマイナスなのは、あくまで「よく洗う」という基本作業を怠ったときである。

また、玄米は、皮の部分が固いため、白米以上によく噛んで食べる必要がある。よく噛まなければ、栄養が吸収されにくいばかりか、お腹をこわすこともある。

現実に、「玄米を食べてやせた」という人の中には、栄養がうまく吸収されていなかったり、消化不良を起こし、他の食べ物までしっかり食べられなくなったケースもある。

たしかに、玄米をよく噛んで食べると、少量で満腹感が出るため、効率よくやせることも可能である。しかし、玄米をよく噛まずに食べて、栄養不足でやせてしまうのでは、かえって体にはよくないのは当然の話だ。

枝豆

豆か野菜か、見極めのポイント

「暑い夏、冷えたビールと相性バツグンのおつまみといえば？」という問いに、「枝豆！」と声をそろえて即答するのは、日本人だけだろう。

というのも、現在、世界で枝豆を食べているのは中国、台湾、タイ、ベトナムなど、アジア圏の数カ国だけ。しかも、枝豆を食べる習慣は、日本で始まったものなのである。日本人が枝豆を食べ始めたのは江戸時代のことで、その習慣が徐々にアジアの国々に伝わったという。

日本人と枝豆の深い関係をおわかりいただいたところで、次の質問に移ろう。「枝豆は、なんという種類の豆か?」

答えは、もちろん「大豆」。枝豆は、みそや醤油や豆腐のもとになる大豆なのだ。

大豆は通常、種をまいてから収穫するまでに、5カ月ほどかかる。毎年、5月下旬に大豆の種を植え、芽が出ておよそ2カ月で白くて小さな花が咲く。

その後、花の咲いたあとにサヤがつき、大きくなり始めるのだが、種を植えてから3カ月ほどで、若いサヤを収穫したものが「枝豆」である。

大豆として栽培する場合は、ここで収穫せず、そのまま成熟させる。すると、サヤが徐々に茶色になり、サヤの水分がなくなってくる。この中の豆が「大豆」になるというわけである。

では、これが最終クイズ。「枝豆は〝豆〟なのか、それとも〝野菜〟なのか?」

普通に考えれば、枝豆は大豆の未成熟なもの。だから「豆類」と思うかもしれないが、出荷の分類上では「野菜類」として扱われている。

なお、枝豆をおいしく茹でるには、あらかじめサヤごと塩で軽くもんでおき、茹でるときは鍋に塩を多めに入れるといい。枝豆は塩がしみ込みにくいため、ほかの豆を茹でるときなら多すぎるかも、と思うくらいの分量を入れたほうが、おいしく仕上がる。

カリフラワー

ブロッコリーに惨敗した裏事情

「最近、ブロッコリーを食べたのはいつですか？」と聞かれれば、多くの人が「2、3週間以内には食べた」と答えるのではなかろうか。

では、「最近、カリフラワーを食べたのはいつ？」と聞かれると、どうだろうか。「いつ食べたか記憶にない」という人も少なくないだろう。

ブロッコリーとカリフラワーは、どちらも地中海の原産で、キャベツの仲間。花のつぼみを食べるところも、共通している。

ところが、「人気の高いのはどっち？」といえば、圧倒的にブロッコリーが優勢である。30年近く前は、カリフラワーのほうがポピュラーだったが、いまやその形勢は１８０度逆転してしまった。

年間の出回り量を見ても、ブロッコリーはカリフラワーの5倍にものぼっている。そのため、需要に供給が追いつかず、ブロッコリーの値段は年々高くなっていくのに対し、カリフラワーのほうは1個100円以下で特売されていることも珍しくない。

カリフラワーがブロッコリーに惨敗を喫したのは、その「色」が原因だとみられている。1980年代からの健康ブームで、「緑黄色野菜を食べましょう」と、盛んにいわれるようになった。そういわれるたびに、白いカリフラワーが敬遠され、緑色のブロッコリーが売上げを伸ばしていったのである。

カリフラワーは、白い野菜であっても、ビタミンCはオレンジ以上、カリウムも豊富に含んでいる。だが、消費者の健康志向の前に、白色のカリフラワーは、白旗を挙げざるをえなかったのだ。

ウナギ

いまだ解けないウナギの産卵場所の謎

古代ギリシャの哲学者・アリストテレスは、ウナギは泥の中で自然発生すると考えてい

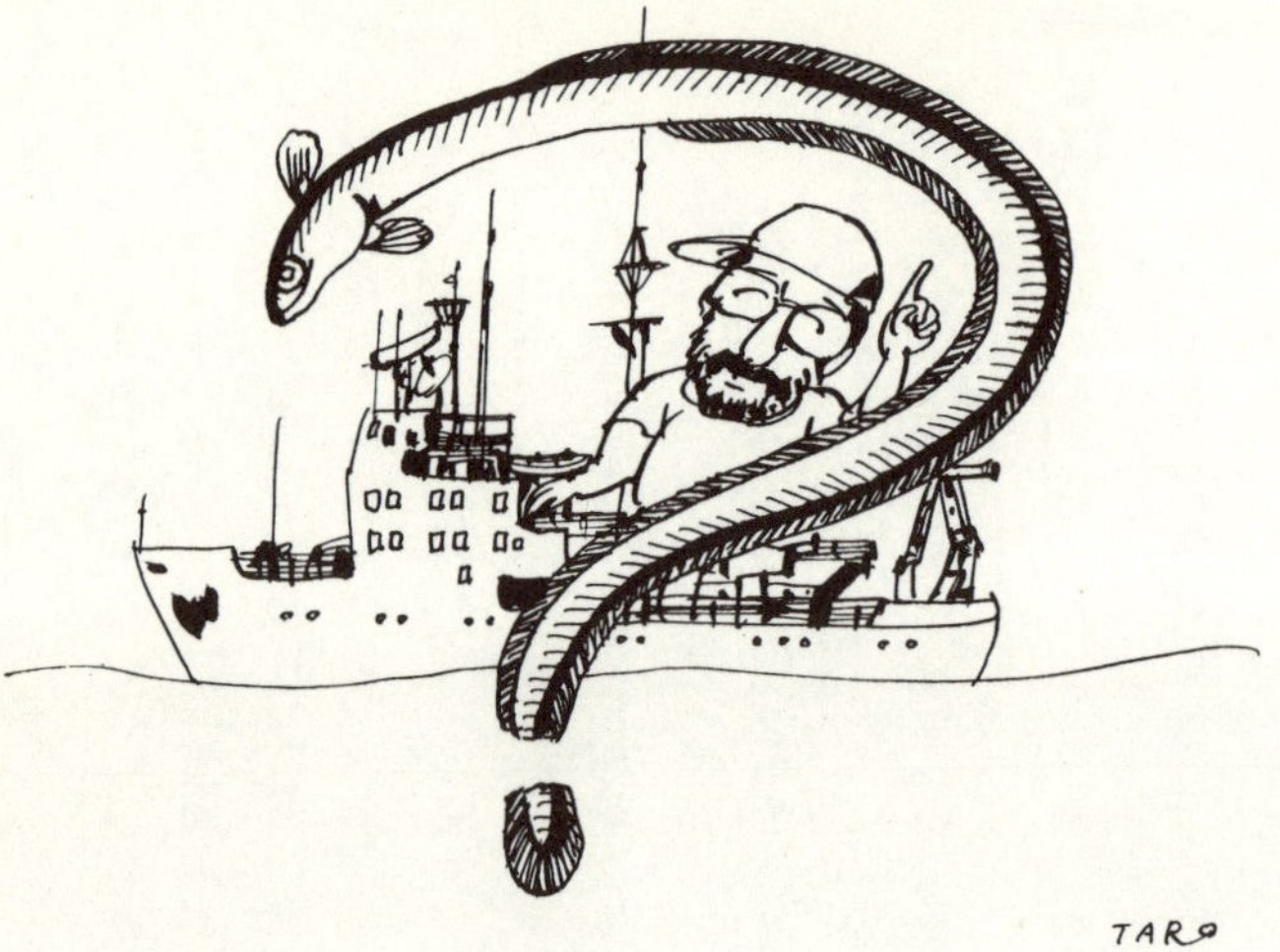

た。「古代の人は、アリストテレスといえども、その程度の認識だったのか」と思う人もいるだろう。しかし、アリストテレスがそう考えたのには、理由がある。卵をもった親ウナギや、生まれたばかりのウナギの子供が、まったく見つからなかったからである。

じつは、アリストテレスの時代から2300年以上経った今も、ウナギの産卵場所ははっきりとわかっていない。アリストテレスを含めて、これまでにウナギの産卵場所を見た人は1人もいないのである。

今や、100億光年先の銀河を観測できる時代であるにもかかわらず、身近な生物がどこで生まれるかはわかっていないのだ。ウナギは、古代ギリシャの時代から現在に至るまで、それほど謎につつまれた生物となっている。

もちろん、現在の研究は、この謎にかなり迫っており、たとえば、ニホンウナギの場合、産卵場所は太平洋のマリアナ海嶺周辺ではないかと推定されている。

１９９１年、東京大学海洋研究所の研究船白鳳丸は、マリアナ諸島を中心とする広い海域で調査を行い、ウナギのレプトケファルス（仔魚）の採集に成功した。生まれて間もないレプトケファルスが多いということは、その近くに産卵場所があるという有力な手がかりになる。

そこから、ニホンウナギの産卵場所は、マリアナ諸島の西方海域であると推定されているのだ。

また、レプトケファルスの分布を検討した結果、マリアナ諸島周辺でも、深海の海山で産卵するのではないかと考えられている。さらに、レプトケファルスの孵化日を推定すると、新月の夜に生まれているらしいともみられている。

お茶

なぜ、わざわざ傾斜地に植えるのか

毎年5月になると、唱歌『茶つみ』の歌とともにテレビで茶摘みの風景が紹介される。菅笠をかぶった農家の人がせっせと茶摘みをする姿は、初夏の風情たっぷりだが、画面が切り替わって、カメラを引きで写した映像を見るとびっくりさせられることがある。「え、あんなところに?」と驚くような山の急斜面に、お茶の段々畑が広がっているからだ。

いわれてみれば、日本に限らず、インドやスリランカ、中国などの茶の名産地といわれるところのほとんどは山間地である。なぜ、わざわざ山の傾斜地に茶の木を植えるのか? と疑問に思うかもしれないが、その理由はいうまでもない。そうした傾斜地が良質のお茶を作るのに適しているからである。

傾斜のある土地が、お茶の栽培に適している理由は、大きく分けて二つある。

一つは、水はけの問題。お茶の木は、排水が悪い場所ではうまく育たない。その点、傾斜地なら自然に排水されて、余分な水がたまることはない。

もう一つは、日中と朝晩の温度差が大きく、日当たりが良いこと。お茶は、味とともに香りも重要視されるが、香りのいいお茶を作るには、日温格差と呼ばれる温度差が大きいことが重要になる。

その意味で、山間地の斜面を利用した茶畑なら、朝晩の冷え込みが強く、日中は気温は上がるため、日温格差が大きくなる。また、傾斜地はさえぎるものがないので、日当たりはいい。日光をたっぷり浴びたお茶の葉が、すくすくと育つのである。

しかし、最近は農業技術の発達により、平地の茶畑がずいぶん増えてきている。傾斜地の茶畑は、平地に比べると、日々の仕事はきついし、採算性にも乏しいのがその理由。段々畑で茶摘みをする農家の人の姿は、夏の風物詩的な存在である。その光景も、数十年後には日本から消えているかもしれない。

みかんの缶詰
どうやって一房一房分けている？

ゼリーやパフェ、あんみつのトッピングとしておなじみのみかんの缶詰。缶をあけると、みかんの果肉が一房ずつ、きれいに皮が取り去られた状態でシロップ漬けになっているが、むろん、これは農家の人が手作業で房を分けたり、一つずつ皮をむいているわけではない。工場で、ほとんど人手を使わずに行われている。

まず、収穫されたみかんは、選果機でサイズごとに分類され、缶詰工場に運ばれる。工場に到着したみかんはきれいに洗浄され、湯を浴びせて外皮をふやかしてから、剥皮機に入れられる。

この剥皮機には、溝のついたローラーが同心円状に並んでいて、みかんはローラー上をころがるうち、外皮が巻き込まれ、はがれるという仕組み。しかし、これだけでは、外皮を完全にははずせないため、残った皮は人間の手で取り除かれる。

こうして、外皮をすっかり取り除かれたみかんは、次の「身割り」と呼ばれる工程で一房ずつに分けられる。この工程で、みかんは、逆円錐状に張られたゴム糸の間を通り抜けることで一房ずつに分けられていく。装置の上からは高水圧の水が吹き出ていて、みかんはその水圧で小さなゴムの隙間に押し込まれていく。そのとき、一房ごとにバラバラになるというわけだ。

では、こうして一房ずつになったみかんは、どのようにして内皮をむくのか？　というと、この場合は〝むく〟のではなく薬剤で溶かして取り除いている。

まずは、約０・６％の塩酸溶液が入った長い螺旋状の滑り台の上を、35分かけて流れ下り、さらに０・３％の苛性ソーダの入った滑り台の上をおよそ25分かけて流れ落ちる。これですっかり皮が溶け、仕上げに30分間水にさらせば、缶詰のみかんのようなツルンとした姿になって出てくる。

その後、粒の大きさを選別機でより分けた後、崩れてしまった粒は人間の手によって、取り除かれる。ほとんどが機械作業とはいっても、やはり最後は人の手が欠かせないというわけだ。

フカヒレ
ヒレをとった後、サメの肉はどうなるか

フカヒレといえば、中華料理。フカヒレスープは、タイのトムヤムクン、フランスのブイヤベースとともに、世界の三大スープといわれている。

さて、つい最近まで、日本が世界一のフカヒレ輸出国だったことを知る人は少ないだろう。

それほど日本のフカヒレの漁獲量が多いのは、マグロ延縄《はえなわ》漁業が盛んなことと関係している。遠洋に出かけ、マグロを狙う網に、サメがしばしばかかるのである。そんなとき、たいていの場合乗組員たちはサメのヒレだけを切り取って、残りは海に捨ててしまう。

残りを捨ててしまうのは、サメの肉は、マグロに比べると、タダ同然の値段にしかならないからである。マグロ船にとってサメはいわば外道《げどう》で、安い肉を冷凍庫に入れて、はるばる日本まで持ち帰っても、採算が合わないのだ。

さらに、せっかくかかったマグロに、サメが食いつき、傷ものにしてしまう可能性もあ

る。また、甲板に上げると暴れられて危険ということもある。

むろん、ヒレだけを切り取るのは、中華料理の高級食材として、高値で売れるからである。このヒレによる収入は、いわばマグロ漁船乗組員の余禄であり、臨時収入になる。切り取って船上で乾燥させたあと、日本に持ち帰ってからか、海外の寄港地でフカヒレ業者に売られることになる。

最近、日本のフカヒレの輸出が減ったのは、次の二つの理由がある。一つは、日本国内で消費されるフカヒレの量が増えたこと。もう一つは、最近のマグロ船の乗組員が、日本人ではなく、ペルー人やインドネシア人に代わったことだという。

彼らは、シンガポールやハワイで乗船・下船する。そのとき、フカヒレを下船地で売りさばくため、日本の港まで持ち帰られるフカヒレの量が減っているのだ。

マツタケ
プロしか知らない、正しい探し方

庶民の憧れマツタケ。なかには、タダでゲットしようと秋になるとマツタケ狩りに出かける人もいるかもしれないが、それでなくとも競争率の高いキノコ。シロウトに簡単に見つけられるはずもない。マツタケを見つけるには、〝発見〟のコツを身につけ、万全の装備をして山に入ることが必要である。

まず、装備面では、入山する際、双眼鏡を持っていくこと。マツタケは赤松に寄生して生えるのだが、マツタケ菌に寄生された赤松は、弱って松葉の色が変わってくる。本来の深い緑色ではなく、やや黄色味を帯びてくるのだ。これが、マツタケスポットを見つける目印となる。

しかし、マツタケは風通しのよい場所を好むため、松林があっても、地面に雑木やシダがギッシリ生えているような場所には生えていない。そこで、確実にマツタケを探すには、いったん山に登り、上から尾根を見下ろしながら、黄色味を帯びた松林を探し、林の様子を双眼鏡でチェックすることが必要なのだ。

このとき、急斜面に、黄色味を帯びた赤松林があり、なおかつ岩肌が露出している場所を発見できれば儲けものである。そういう場所の土層は薄いため、赤松の根は浅い。そういうところに、マツタケのシロ（リング状になっているマツタケ菌の集団）は生成されやすいのである。

さて、目ぼしいスポットを見つけたら、実際に歩いてみる。このとき、面倒でもいったん山を下りてから、改めて斜面を登ったほうがいい。マツタケは、地上に頭を出してからカサを開くまで、ほとんど周囲の落ち葉をかぶったままなので、上から斜面を見下ろして歩くと、落ち葉の下のマツタケを発見するのは難しい。斜面を上りながら、落ち葉の凸凹を探すようにして歩くことがポイントになるのだ。

では、ラッキーにもマツタケが生えている場所を見つけたらどうするか？

とにかくその場所を克明に覚えておくことである。マツタケは一度生えた場所から、数センチ離れた場所に円を描くように再び生えてくる。その場所を覚えておけば、翌年からはラクにマツタケをゲットすることができるというわけだ。

なお、いうまでもないことだが、マツタケ・スポットを見つけたからといって、はしゃいで人に自慢してはいけない。

タマネギ

炒めるのにどんどん時間がかかるようになった理由

カレーライスや炒めもの、シチューなど、いろいろな料理に使えるタマネギ。最近、そのタマネギを炒めるとき、「なかなかしんなりしないなァ」「昔より時間がかかるな」と感じている人は少なくないだろう。

料理のプロによると、30年前は1分半ほどで炒められた量を炒めるのに、いまでは5分以上かかるという。むろん、その間にガスコンロの火力が弱くなったはずもない。原因はタマネギの品種改良にある。

昔のタマネギには、大地の恵みである水分がたくさん含まれていた。そのため、強火で炒めると水分がどんどん蒸発して、タマネギは短い時間でシナっとなったのである。

ところが、この30年の間に、タマネギは品種改良が重ねられ、消費者ウケを狙って、外見のいいものがつくられるようになった。また、生産者向けに量産のきく品種に変えられ、さらに流通業者のために、耐久性のあるタイプに改良されてきた。

その結果、含んでいる水分量が少なくなり、長時間炒めなければ、しんなりとしないタマネギができあがったというわけである。

しかも、水分が少なくなるとともに、タマネギ本来の甘味やうまみまで乏しくなってしまった。そのため濃い味つけをする必要もでてきた。

消費者、生産者、流通業者のどれにも気に入られようとした八方美人のタマネギは、いまや〝厚化粧〟をしないと、人前に出られなくなっている。

砂糖

1トンのサトウキビからどれくらいの砂糖がとれる？

料理にお菓子に、コーヒー、紅茶、ヨーグルトにと、食生活に欠かすことのできない砂糖。疲労回復に効くことや、砂糖漬けにすると防腐効果があることも、ご承知のとおりである。

では、砂糖の原料作物の、サトウキビや砂糖大根（ビート）は、どういう工程を経て、砂糖になるのだろうか？　サトウキビが砂糖になるまでの工程を追いかけてみよう。

砂糖の精製工程は、機械化されたローラーを使って、サトウキビから、砂糖分10％程度の〝ジュース〟を絞り出すことから始まる。面白いのは、このとき出るサトウキビの搾りカスが、工場のエネルギーに転化できること。要するに、製糖工場というのは、サトウキビによって、エネルギーも自給自足できるのである。

一方、搾り出されたジュースはというと、100度くらいに熱せられたあと、石灰乳という液を加えられる。こうすると、ジュース中の不純物が凝固し、取り除きやすくなる。不純物が取り除かれたジュースは、続いて減圧装置に送られ、水分を飛ばされる。ジュースは、ここで砂糖分60%のシロップへと変わる。

さらに、このシロップを、真空の釜の中で煮詰めると、白下と呼ばれる、半流動状の塊ができる。この白下を、高速遠心分離機にかければ、ようやく砂糖の結晶を取り出せる。あとは、熱風と冷風で結晶を乾かし、フルイで粒の大きさを整えるだけだ。

なお、以上のような工程は、工場で連続して行われている。そのため、大きな工場になると、1日に1万5000トンものサトウキビを処理でき、そこから1600～2000トンの砂糖が作られるという。つまり、1トンのサトウキビからは、その約1割の量の砂糖が作られている計算になる。

シシャモ
値段を決めている意外なポイント

世の中の哀れなものの代表に、シシャモのオスを加えたい。

漁師の網にかかって喜ばれるのは、あくまで子持ちのメスシシャモ。オスは、選り分けられて廃棄されるか、家畜のエサに回される。取引きされる値段は、二束三文である。

一方、子持ちのメスシシャモは、水揚げされたらすぐに値段の交渉が始まる。その場合、交渉の決め手になるのは身の大きさではなく、あくまで卵の熟度である。

交渉の場では、数匹のメスの腹が裂かれ、まるでチューブをしぼるように、デジタル計りの上に卵が押し出される。その卵の目方を計り、元のシシャモに対する目方の割合を計算する。それが卵の「熟度」の基準となる。「熟度」とは、そのシシャモの卵が、いかに産卵期に近いかを示す基準である。

この熟度が低いと、卵が若く、商品としての魅力は乏しくなる。かといって、熟度が高すぎると、干したときに卵が腹から飛び出してしまう。両方とも、値引きの対象となってしまうのだ。

ただし、最近、街で見かける「シシャモ」は、かつてのシシャモではない。北海道の川をさかのぼってくる日本産のシシャモは、全体のわずか1～2％を占めるにすぎなくなっている。

現在、スーパーや居酒屋で見るシシャモは、カナダやノルウェー、アイスランドなどからの輸入品で、北海道のシシャモとは種類も違っている。

北半球の寒帯に広く分布し、川をさかのぼる性質をもたない「ケープリン」という魚である。いまや、このケープリンが別名「カラフトシシャモ」と呼ばれ、日本の食卓に登場している。

カキ
ホタテの貝殻で養殖される理由

生のカキをレストランで頼むと、一つずつ殻に入ったカキが出てくるもの。レモンを搾り、殻ごと口に近づけてカキをツルッと食べると、プリプリの食感に、カキの殻から立ちのぼる磯の香りがたまらない。

一方、スーパーに並んでいる鍋用のカキは、身だけがパックに入れて売られている。もちろん、パックに詰める前、殻から身を離しているのだが、その殻がカキの殻ではないことも珍しくないという。

むしろ、最近は、ホタテの貝殻であることが増えている。つまり、カキの養殖では、種ガキをカキの殻ではなく、ホタテの殻に植えつけるのである。

わざわざ、ホタテの貝殻を利用するのには、ちゃんとワケがある。カキの殻に比べ、ホタテの殻は大きさと形がそろっていて、作業がしやすいうえに、カキの赤ちゃんがつきやすく離れにくいのである。

いってみれば、カキにとって、ホタテの殻は、お腹だけを貸す〝代理母〟のような存在なのである。

ちなみに、カキの養殖は、浅い海に「カキ棚」と呼ばれる棚を作り、そこにカキの種を植えたホタテの殻をぶら下げていく。

それに対して、ホタテの養殖は、もっと深い海で行われる。8月ごろから、ネットの中で育てられたホタテは、翌年の3月ごろ、海中に張られたロープに結んで吊り下げられる。貝の端に穴を開けられたホタテが海中にたくさん吊り下げられた光景は、ちょっと不思議な空間になっている。

ヨード卵

ふつうの卵との本当の違い

スーパーの卵売り場には、普通の白い鶏卵の他に、少し赤みがかったヨード卵が並んでいる。ヨード卵はコレステロールを抑制し、ニキビや肌荒れにも効果があるという。第一、「ヨード卵」と聞くだけで、体によさそうなイメージがある。

しかし、手を伸ばして買い物かごに入れようとして、思わず手を引っ込めた経験のある人もいるだろう。値段が普通の卵の何倍もするからだ。それだけ値段が張るのは、ヨード卵を産ませるためには手間がかかるからである。

では、ヨード卵を産ませるヒケツとは……。

まず、ヨード卵は、コーチン、ワーレン、コメットなど、羽が茶色か黒色のニワトリが産む。これらの有色ニワトリは、そもそも値段が高く、仕入れにコストがかかっている。

また、エサも普通の配合飼料ではなく、特別なものが与えられている。トウモロコシ、魚粉、アルファルファを混ぜたものに、海藻などのヨードを添加した豪華版である。この添加したヨードが、ニワトリの体内でアミノ酸に結びついて有機ヨードに変化する。そのニワトリが産む卵に、有機ヨードが含まれているというわけである。

というわけで、ヨード卵には、さまざまな面でコストがかかっている。値段が高くなるのも、やむをえないのである。

ホウレンソウ
いつのまにか葉っぱの形が変わったワケ

いつのまにか、ホウレンソウの葉っぱの形が変わっている。といっても、「ホウレンソウは、おひたしくらいしか見ないからなァ」という人には、ピンとこない話だろう。しかし、思い出してほしいのだが、昔のホウレンソウの葉には、たくさんの切れ込みがあってギザギザ状になっていた。いまのホウレンソウの葉には、浅い切れ込みが二つ、三つあるだけなのである。

それは、この30年間に、日本で栽培されるホウレンソウの品種が変わった証拠である。

もともとホウレンソウの原産地は、ロシアのコーカサス地方で、そこから東西に分かれて広がってきた。日本には、江戸時代初期、中国から伝えられ、以来、和種のホウレンソウが栽培されてきた。その和種の葉がギザギザの剣葉だったのだ。

ところが、１９７０年代から、ホウレンソウの種類が、従来の和種から、和種と西洋種の雑種第一世代（Ｆ１）へと切り替わりはじめた。

西洋種は、原産地のロシアからヨーロッパへと伝えられたもので、その葉の形は切れ込みのない丸葉だった。つまり、現在のホウレンソウの葉は、ギザギザの和種と、丸葉の西洋種の中間の形をしているというわけである。

ちなみに、和種と西洋種がかけ合わされたのは、西洋種がホウレンソウの大敵である「べと病」に強い遺伝子をもっていたからである。

また、収穫期が秋～早春だった和種と、春～夏だった西洋種をかけ合わせたことで、ホウレンソウは一年中栽培されるようになった。

きゅうり

味を一変させた「ブルームレスきゅうり」とは

きゅうりの味が、昔に比べておいしくなくなった……といえば、「きゅうりだけじゃなく、ほとんどの野菜がおいしくなくなった」という人もいるだろう。

この30年ほどの間に、さまざまな野菜が品種改良された。昔ながらの味を知る人にとって、新しく開発された野菜の味は満足できるものが少ないようだが、きゅうりはその代表格といえる。

そして、きゅうりの味が落ちたのは、一部の研究者の〝誤解〟が原因だったといわれている。

昔のきゅうりは、表面が白い粉でおおわれていた。その白い粉は「ブルーム」と呼ばれるが、一時期、このブルームのせいで、きゅうりの味が落ちると考えられていた。たしかに、きゅうりの木が若いうちは、ブルームも少なく味もよい。ところが、木が大きくなって、たくさん実をつけるようになると、ブルームが増え味が落ちてくる。

そのため、研究者の間でも、ブルームのないきゅうりのほうがおいしい、と考える人が増えていった。そこで、品種改良して、ブルームの少ない、現在の粉をふかない〝ブルームレス〟きゅうりが開発されたのである。

さらに、ブルームレスきゅうりは、ツヤツヤしていて見た目もきれいとよく売れ、全国で白い粉の出ないきゅうりが栽培されるようになった。

ところが、のちの研究で、味とブルームにはなんの関係もないことがわかった。ブルームは、きゅうりの組織を保護するためのもので、古くなった木が自らを守るために出していたのである。若い木のきゅうりがおいしいのは、木が新鮮で健康だったからで、ブルームの有無と味には関係のないことがわかってきたのだ。

しかし、後の祭りで、すでに広くブルームレスきゅうりが栽培されていた。白い粉を出さなくなったことで、もともと病気に弱かったきゅうりは、さらにいろいろな病気に見舞われるようになっていた。

こうして、収穫までに、農薬を繰り返し散布しなければならず、味の落ちたきゅうりが全国に広まることになったのである。

茶

茶畑に扇風機があるワケ

お茶の栽培には、山間地が適しているとされる。

静岡や狭山《さやま》もそうだが、中国やインド、スリランカなど、世界のお茶の産地も、やはり山間の環境である。

ところが、山間地では新茶の時期に、茶葉の天敵である霜が降りやすい。現実に静岡では、茶葉に霜がついて、一番茶が全滅してしまったこともあった。

この霜害から茶葉を守るために開発されたのが、茶畑に立つ「大型扇風機」である。

東海道新幹線の車窓からも、静岡の茶畑に設置された扇風機が見えるが、地元では「防霜ファン」と呼ばれている。

早朝に空気が冷えると、比重が重くなって、茶畑の低いところに降りてくる。これが、茶葉や茶畑の畝《うね》に水分を結晶させて霜を結ぶ。

そのため、防霜ファンは、霜の降りそうな低温になると、センサーが働いて羽根が回り出す仕組みになっている。冷たい空気をかき混ぜて、それ以上温度が下がらないようにしているのである。

昔は、茶畑に煙を出して温めたり、朝方に水をまいて霜を防いでいた。それだけ手間をかけても霜害はなくならなかったのだが、防霜ファンを使うようになってからは、霜害はまったくなくなったという。

茶畑に似つかわしくない大型扇風機は、実はなかなかの優れものなのである。

農薬

そもそもなぜ必要なのか

最近は、デパ地下にもスーパーにも、低農薬野菜コーナーが設けられている。このモノが売れにくい時代にあって、低農薬食品の売上げは堅調に伸び続けている。

低農薬食品が注目されるようになったのは、「農薬は危ない」という認識が消費者に高まったからにほかならない。むろん、農家は、農薬が危険であることなど、もとより承知のはず。それでは、どうして危険性のある農薬を使うのだろうか。

その理由は大きく三つある。

一つは、経済効率の問題だ。たとえば、除草剤がなかった時代、農家では一家総出で雑草をむしりとっていた。草の生い茂る夏ともなれば、朝から晩まで草むしりをしていたのである。それが、除草剤の登場で一変した。除草剤を2、3回散布するだけで、面倒な除草作業が必要なくなったのだ。深刻な人手不足に悩む農家にとって、除草剤は必要不可欠のものになっている。

二つめは、農作物の〝体質〟が変化してきたことである。より消費者に好まれる商品をつくるため、品種改良が繰り返されてきたのだが、それによって農作物はひ弱になってきている。たとえば、ブランド米のコシヒカリはその代表格で、非常においしいが病害虫には弱い。そこで、殺虫剤などの農薬の助けが欠かせなくなり、ますます農薬に依存せざるをえなくなっているのだ。

三つめは、病害虫が強くなったこと。農作物がひ弱になるのとは反対に、雑草や害虫、病原菌は、農薬に対する免疫をつけ、年々強くなっている。そこで、さらに強い農薬を開発して対抗しなければならないという悪循環に陥っているのだ。

以上が、農家が農薬を使う理由だが、これらの問題は、農家だけで解決できるテーマではない。品種改良にしても、消費者がそういう商品を求めているからこそ、農家もつくるわけなので、農家だけを責めることはできない。

農薬の問題は、単に食品が安全かどうかというレベルに留まるテーマではない。人々の生き方、国のあり方にもかかわる根源的な問題だともいえる。

稲作

昔に比べると、どれくらい楽になったか

30年から40年前の小学校には「田植え休暇」や「稲刈り休暇」を設けているところがあった。子供も、農作業の貴重な戦力だった時代には、学校を休みにして、田植えや稲刈りを手伝ったのである。

だが、今では、子供が田んぼに行くと邪魔になるほど、田植えや稲刈りは機械化が進んでいる。戦後の稲作の歴史は、手作りから機械化への歴史といってもよい。

戦後しばらくまで、日本の米作りは、惜しみなく労力をつぎ込むことで、収穫量を上げていた。苗代づくり、田植え、水管理、除草、稲刈り、脱穀といった一連の農作業に、一家総出で取り組んだものだ。

ところが、高度経済成長時代に突入し、農村人口が減り始めると、米作りはどんどん変化してきた。1950年代には、まず除草剤が使われるようになり、炎天下、田んぼをはいずり回って草取りをする必要はなくなった。60年代になるとトラクターが普及し、牛馬が姿を消した。そして、70年代から80年代にかけて、田植え機や稲刈り機が導入され、人手をかけなくても、休日を利用して農作業をすませられるようになっていった。

さらに、現在では、自動脱穀コンバインの普及で、稲刈りをしながら脱穀まですませることが可能になっている。

その結果、1960年には、10アールの稲作に年間170時間以上を費やしていたのが、現在では30時間に激減。その一方で、品種改良などによって収穫量は増えており、日本の稲作はずいぶんと楽になったことがわかる。

ただし、稲作の機械化によって人手は減ったが、機械の購入にコストがかかるため、コメの値段は高くなっている。いかにコストを抑えて、値段を下げるかを考えなければ、今後、コメの消費量は増えていかないだろう。

オリーブオイル

「健康によい」とは言われているが…

イタリア料理の普及とともに、日本人の食生活におなじみになったオリーブオイル。「油なのに健康にいい」という評判が、オリーブオイル人気をあと押しした。

では、そもそもオリーブオイルは、何がどう健康によいのか？

一般にいわれるオリーブオイルの特長は、「オレイン酸」の含有量が60～80％と多く、「リノール酸」が8～15％と少ないこと。

このうち、「リノール酸」は、体内で合成することができない「必須脂肪酸」の一つで、不足すると、ホルモン異常を招く恐れがある。したがって、食物から必ず摂取しなければならない成分だ。

しかも、かつては、リノール酸には血中コレステロール値を下げる効果があると信じられていたため、ちょっとしたブームになったこともあった。

ところが、このリノール酸、近年では、一転して悪玉視されている。リノール酸がコレステロール値を下げるのは一時的なことで、長期的に見ると、コレステロール値を下げる効果はないと、指摘されているからである。

しかも、リノール酸には、体に有害な「過酸化脂質」を生じやすいというデメリットもある。要するに、リノール酸は、体に必要な成分であることは確かだが、摂り方を間違えると、かえって健康を害することになりかねないのである。

こうして、リノール酸人気が下火になるなか、にわかに注目を集めるようになったのが、オリーブオイルにたっぷり含まれている「オレイン酸」のほうである。

オレイン酸が、体にいいとされるいちばんの理由は、体内の悪玉コレステロールを減らし、相対的に善玉コレステロールの割合を増やす作用があること。また、熱に強く、酸化しにくい点も、オレイン酸の大きなメリットである。

とはいえ、オレイン酸も脂肪酸であることに変わりはない。前述したように、オレイン酸は安定的で酸化しにくいため、体への消化吸収がひじょうによい。ということは、脂肪として蓄積されやすい成分でもあるのだ。だから、コレステロール値を下げるからといって、摂りすぎると肥満の原因になる。

さらに、忘れてはならないのは、オレイン酸は、リノール酸と違って、体内で合成できるという点だ。要するに「必須脂肪酸」ではないのである。

もちろん、健康効果を期待して、オリーブオイルを摂取すること自体は、間違いではない。大事なのは、「オリーブオイルの摂りすぎは、油の摂りすぎと同じ」という事実も、しっかり頭に入れておくことだ。

アンコウ

養殖したくてもできないウラ事情

下関漁港で水揚げされる魚介類は、約150種類。その中で、もっとも有名なのはフグだが、アンコウの水揚げでも日本一であることはあまり知られていない。アンコウといえば茨城県が有名だが、下関の水揚げは、本場といわれる茨城県よりもはるかに多いのである。

ところが、もともと、下関ではアンコウを食べる習慣がなかった。昔から「東のアンコウ鍋、西のフグ鍋」といわれ、アンコウ鍋は東日本を中心に食べられてきたのである。ところが最近は、淡白で上品な白身と濃厚なアンキモの味が、全国的に知られるようになり、大阪を中心に西日本でもアンコウ鍋を食べる人が増えている。

そこで、将来的なアンコウの需要増を見越して、養殖を始めたいという人もいる。だが、もう一つの鍋物の雄であるフグは、すでに養殖されているのに、アンコウの養殖はまだ行われていない。それだけ養殖が難しいのである。

アンコウは、成長すると体長が1〜1・5メートルにもなるのに加え、水深200メートルを超える海底に棲んでいる。養殖しようとしても、そんな深い海底に巨大な生簀を沈めることはできない。

もちろん、日本のハイテクをもってすれば、技術的には可能かもしれないが、コストがかかりすぎる。養殖をすることで、アンコウ鍋が今より高価な味覚になりかねないのだ。

アンコウは、水族館などではすでに飼育されているが、1匹育てるだけでも大変だという。なかなかエサを食べない魚で、エサを口に押し込んでも飲み込まず、そのエサが口の中で腐ることさえある。1匹飼育するだけでも大変なアンコウ、養殖をしたくても、とてもビジネスとしては成り立たないというわけである。

キノコ

ニュータイプのキノコがどんどん登場するカラクリ

現在、日本に自生しているキノコは4000種類とも5000種類ともいわれるが、そのうち食用や薬用になるのは400種類。さらに一般に食卓にのぼるキノコは、このうちの10種類ほどである。

 料理に詳しくない人でも、シイタケ、マツタケ、シメジ、ナメコ、マイタケ、マッシュルーム、キクラゲあたりは、すぐに思い浮かぶだろう。

ところが最近では、これらの〝定番キノコ〟に加えて、今までなじみのなかったキノコが市場に出回るようになっている。

その代表選手といえるのが、エリンギ。エリンギは、地中海沿岸や中央アジア原産のキノコで、1997年には全国で2100トン程度だった生産量が、2001年には1万トンを超えるまでに成長した、いわば新顔キノコの出世株である。

このほか、現在国内で生産されている〝ニュータイプ〟のキノコには、トキイロヒラタケ、ハタケシメジ、ヤマブシタケ、エゾユキノシタ、ムキタケなどがある。

これらのキノコは、基本的に食用可能な野生種を改良したものや、海外を原産とするものだが、なぜここへきて続々と登場し始めたのだろうか？

その理由はいくつか挙げられるが、まず一つは、栽培方法が大きく変わったこと。

ひと昔前まで主流だったのは、シイタケ栽培と同じように、ほた木にキノコの菌を植えつける「原木栽培」だったが、オガ粉や栄養剤などの培地にキノコを植えつける「菌床栽培」が行われるようになって、栽培できるキノコの種類がグンと増えたのである。

もう一つ、消費者のニーズが変わってきたことも関係している。色が派手だったり、形がグロテスクなキノコは、以前は敬遠されたものだが、最近は、シイタケを代表とする黒っぽいキノコより、白や黄色いもの、形も珍しいものに人気が集まっている。

今のところ、普通のスーパーでお目にかかれる〝ニュータイプ〟はさほど多くはないが、近い将来「香りマツタケ、味シメジ」という、日本のキノコ常識が覆される日がやってくるかもしれない。

日本の主食

コメは日本人の〝主食〟ではない⁉

「日本人の主食は？」と問われれば、「コメ」と答える人が多いだろう。しかし、本当に日本人の主食はコメなのか、という疑問の声がある。

といえば、「最近はパンのほうをよく食べる家庭も増えているからね」という人もいるだろう。しかし、日本の歴史を振り返ってみても、日本人の主食がコメと言い切れるかどうかは、かなり微妙なのである。

「五穀豊穣」という言葉があるが、この「五穀」は、アワ、ヒエ、マメ、麦、コメを指す

（ヒエの代わりにキビを加えることもある）。そもそも、古代から、日本人が食べてきたのはアワやヒエ、キビなどで、けっしてコメが中心ではなかった。

江戸時代になっても、コメの生産量は、主要農産物の半分程度。しかも、庶民にとって、コメは、お祭や冠婚葬祭といったハレの日に食べるもので、ふだんは他の四穀やイモ、ダイコンなどをコメに混ぜたものを食べていた。

日本人が、おコメを腹いっぱい食べられるようになったのは、ようやく大正時代になってからのことである。全国で開墾が進み、灌漑施設が整って、収穫量が飛躍的に増えた時期であり、また、国民の経済力も上がって、コメを食べられる家庭が増えた。

そして、歴史上、日本人がもっともコメを食べたのは、昭和１ケタ時代。１人当たりの年間コメ供給量は１４０キロを超え、栄養摂取熱量の７割はコメから摂取していた。

戦後は、１９６２年（昭和37）をピークに、日本人の食べるコメの量は少しずつ減り始め、その後は「コメ余り」が問題になるほど、日本人はコメを食べなくなった。現在、１世帯の消費支出額に占める「コメ類」への支出は、１・１〜１・３％にすぎない。60年代には10％以上あったのに、40年で10分の１以下に減っている。

こうして見てくると、昭和１ケタ時代から第二次世界大戦が始まるまでの15年間だけが、〝コメの主食時代〟ではないかという意見が出ても不思議ではない。

▼活魚
「鮮魚」とはどこがちがうのか

インターネットの検索サイトで「活魚」という言葉を検索すると、活魚料理の店やレストランが表示される。一方、「鮮魚」では、鮮魚販売の魚屋やスーパーが表示される。

「活魚」は、文字どおり生きている魚のこと。「活魚料理」が売りモノの店では、店内の生簀や水槽に生きた魚が泳いでいて、注文があると網ですくって料理する。刺身なら、まだ尻尾がピクピク動いていることもある。

一方、「鮮魚」は、鮮度のよい魚を指す。魚介類の販売は鮮度が命。鮮度の良さをアピールするために、魚屋やスーパー、デパ地下などでは「鮮魚」という文字が目に飛び込んでくるようになっている。

というわけで、「活魚」のあとには「料理」がつき、「鮮魚」には「販売」が続く。仮に「活魚販売」を売りにする魚屋がいたら、お客は買った魚を持ち帰るのに困るだろう。

魚は、他の動物と同じように、死んでしばらくすると死後硬直がおこり、その後、硬直が解けていく。魚肉は家畜の肉に比べて水分が多く、筋肉が柔らかいため、死後硬直が解けたあとは、食感が一気に悪くなる。

そこで、死後硬直のおこる前の魚を「鮮魚」と呼び、鮮度の悪くなった魚と区別しているのだ。

また、最近は、「生鮮魚」という言葉を聞くことが増えた。これは、冷凍技術が発達して、従来の物差しでは計れないほど新鮮な魚が店頭に並ぶようになったため、新しく作られた売り文句である。

第7章

話のタネになる食べ物の雑学

御料牧場

皇室の食材はどんなふうに作られているか

京都のそばや奈良のそうめん、東京の和菓子、近江の牛肉など、現在、宮内庁御用達の食品を取り寄せるのが、静かなブームになっている。

最近は、インターネットで販売されるものも増え、ネットで天皇家ご愛用の味を入手している人も少なくない。

さて、天皇家が毎日お食べになっている食材は、基本的には栃木県内にある御料牧場でつくられている。

東京ドーム200個分の広さがあるという牧場内では、乳牛、馬、豚、ニワトリ、ヒツジ、日本キジなどが育てられている。

アラブの国王から贈られた馬もいて、すべてが食材ではないが、職員が手間ひまかけてていねいに育てている。

また、野菜類もつくられているが、農薬はもちろん化学肥料もいっさい使用していないという。

肥料として使われているのは馬フンで、そのため、野菜は、歯ごたえと自然な甘味のある昔ながらの味を残しているそうだ。

また、トマトやニンジンなど特定の野菜を同じところで毎年栽培すると、病害虫が発生しやすくなる。

そのため、一般の農家では農薬を大量に使うのだが、御料牧場では「蒸気消毒」をしているという。

土壌にホースを埋め込み、そこから熱い蒸気を噴出することで、病害虫を退治しているのである。

こうして御料牧場では、「最近の野菜はまずくなった」と嘆く中高年の人たちが食べれば、涙を流して喜びそうな野菜がつくり続けられている。ただし、こちらは宮内庁御用達商品と違って、ネット販売はもちろん行われていない。

豚肉

目一杯太らせないで出荷するのはなぜ？

「豚箱」「豚小屋」「豚に真珠」という言葉があるとおり、豚という動物は、粗雑で不衛生な生き物と思われがちだ。

しかし、現実の豚肉の飼育現場はどうかというと、豚はきわめて快適で衛生的な環境で飼われている。

それが、安全性と味の良し悪しにかかわる重要ポイントだからである。

ためしに、豚舎の室温について考えてみよう。

70キログラムの豚を例に取ると、気温23度、湿度45%の快適な環境下で飼育された豚と、気温33度、湿度80%の蒸し暑い環境下で飼育された豚とでは、肉のつき方にはっきりと違いが出る。

前者の体重が1日715グラム増えるとすると、後者ではわずか250グラム増にしかならないのだ。

しかも、暑い環境に置かれた豚は、飼料より水を多く摂るようになる。

その結果、タンパク質や脂肪の蓄積が妨げられ、肉がしまらない「水豚」になってしまうのだ。

もちろん、日本では、豚舎の通風や温度の管理をしっかり行っているため、こうした品質の低い豚肉が、店頭に並ぶことはない。

さらに、豚の飼育では、豚舎の面積にも、しっかり気をつかう必要がある。豚は、1頭あたりの占有面積が大きいほど、よく肉がつき、反対に狭い場所で飼うと、ストレスで体重が増えにくくなる。

かといって、一つの豚房に1頭だけだと、豚の競争心が失われて、飼料摂取量が落ち、これまた体重が増えにくくなる。

豚舎には、このほか、豚がケガをしないような床構造や、豚の縄張り意識を満足させるような排泄スペースなど、さまざまな工夫がされている。けっして「豚小屋」などとあなどれないスペースなのだ。

このように、おいしい肉を効率よくつけるために、豚にはあれこれ手がかけられているわけだが、一つだけ疑問なのは、成長すれば200キロは軽く超えるはずの豚が、110キロ程度の成長段階で出荷されてしまうという事実である。

これは、経済的な理由からである。

豚は110キロを超えるあたりから、エサを食べるわりに体重が増えにくくなり、飼料効率が落ちていく。

しかも、それ以上育てると、肉が固くなってしまうなど、肉質面でもいいことはないからなのだ。

サケ

白身魚なのに赤いのはなぜ?

サケは赤身魚か、白身魚か。

あらためてそう問われると、「?」と首をひねる人が多いのではないだろうか。サケの身を思い出してみても、赤身でもなければ、白身でもない、赤と白を混ぜたようなサーモンピンクをしている。なかには、オレンジっぽい色のサケもいる。

専門的には、正解は白身魚になるという。

その身をすりつぶして水を混ぜ、漉してみると、透明な液体が出てくる。マグロのような赤身魚なら、ミオグラミンと呼ばれる赤い液体が抽出される。サケの身からは透明な液体が出てくるということは、タイやブリ、サンマなどと同じく、白身魚であることを示している。

では、なぜ、白いはずのサケの身は、サーモンピンク色をしているのだろうか。

それは、サケが海で食べるオキアミに含まれる色素のためなのだ。

オキアミをたくさん食べたサケほど、その身は色づき、赤に近い色に染まる。このサケ

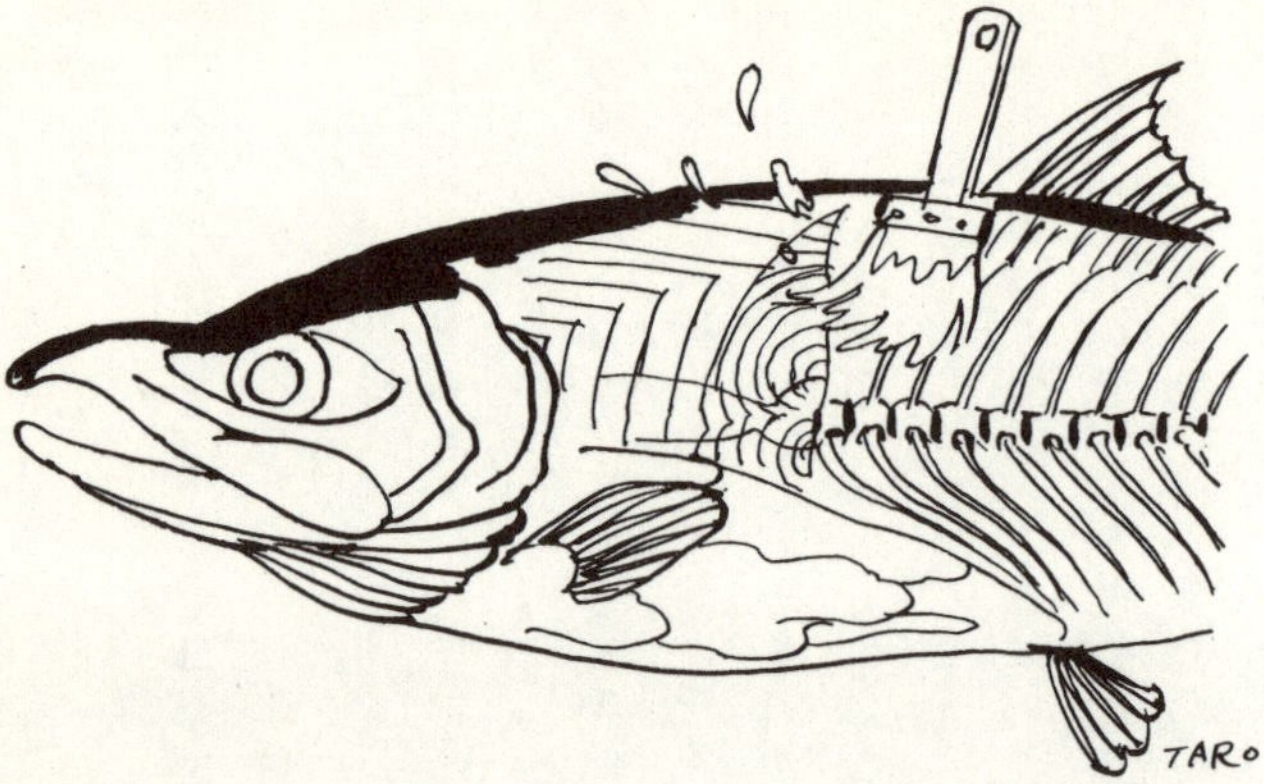

の身がだんだん白っぽくなるのが、産卵の時期。

身の赤みがイクラに受け渡されて、親の体はしだいに白くなっていく。

ちなみに、サケの脂のノリは、その身の色で見分けられる。

赤に近いものがもっとも脂のノリもよく、その次がピンク。白っぽい身は、脂のノリはよくない。

そういえば、日本人にもっとも人気のあるサケは、鮮やかな紅色をしたベニザケで、ベニザケの輸入量は日本が世界一。

ただし、ベニザケの養殖ものには、エビの殻などをエサに混ぜて、日本人向けに身を赤くする工夫がされたものが少なくない。

アユ

「大洪水が起きるとアユが増える」の法則

「アユ」というと、歌手の浜崎あゆみを連想する人もいるだろう。

昔は川魚の代表格だったアユも、最近は「アユの歌は毎日聞いているが、魚のアユは食べたことがない」という人がいるくらいで、それほど身近な魚ではなくなってきている。その理由の一つは、天然のアユが獲れなくなったことだろう。

たとえば、栃木県と茨城県を流れる那珂川も、かつては関東一アユが遡上する川として知られていた。しかし、近年は不漁続きだった。

ところがである。１９９８年（平成10）、夏に那珂川を豪雨による大洪水が襲ったあと、アユの数が一気に増えたのである。

その数は約６億匹。これは、96年の27倍、95年のじつに３００倍にものぼった。

突然、アユの数が爆発的に増えたのは、大洪水によって長年堆積していたゴミや泥が流され、川底がきれいになったためと考えられている。川がきれいになって、卵の孵化率が上がったのではないかという。

1980年代から、那珂川の周辺では森林伐採や河川工事が行われ、生活廃水などで川床が汚れていた。そのためアユが産卵するための環境が悪化して、アユの数が減っていたのである。本来、ありがたくないはずの豪雨。しかし、大洪水が、アユにとっては恵みの雨となったわけだ。

酢

南に行くほど消費量が増える裏側

『旧約聖書』にも登場し、人間が作り出した最古の調味料といわれる「酢」。日本には、5世紀ごろに中国から伝来したとされ、以後、穀物酢、米酢、玄米酢、粕酢など、さまざまな種類の食酢が作られてきた。

このように、日本の食文化に深く根ざしている酢だが、全国の酢の消費量を見ると、同じ日本でも酢の使われ方に「南高北低」の傾向があることがわかる。酢の消費量がもっとも少ないのは北海道。そして、南に下るにしたがって、だんだん消費量が増えていくのだ。

では、この傾向、いったいどういう事情で成り立っているのだろうか。

理由は、いくつか考えられる。一つめの理由は、酢に食欲増進効果があるため、暑い地域ほど酢が好んで用いられる、というものだ。

酢に食欲増進効果があることは、砂糖、塩、酢、醤油、みそといった、5種類の基礎調味料を舌にのせ、2分間でどれだけの唾液が分泌されるかを量ってみるとよくわかる。唾液の分泌量は、他を圧倒的に引き離して、酢をのせたときが最も多くなるのだ。

実際、暑くてバテているときでも、酸味のきいた酢の物なら食べられる、という人が多いのではなかろうか。酢とはちょっと違うが、梅干の酸味が食欲を増すことも、よく知られた事実である。

酢の消費量が「南高北低」型になるのには、このほかに酢に殺菌効果があるという事情も関係していると考えられる。

酢の殺菌効果を調べるため、魚を水洗いした場合と、酢で洗った場合とで、細菌の数がどれだけ違うかを比較したデータがある。

すると、水洗いの場合は、1グラムあたり9800の細菌が残り、それが1時間後に130万に増殖した。一方、酢で洗った場合は、350の細菌が残り、1時間後にも2900までしか増えなかった。

以上の結果は、酢には殺菌効果だけでなく、細菌を増やさない防腐効果もあることを示している。

夏場むし暑い西日本で、魚を酢締めにしたり、刺身醤油に酢を混ぜて食べる風習があるのも、酢の防腐殺菌効果を、昔の人が経験的に知っていたからだろう。酢は、食べ物が傷みやすい暑い地方の食生活を支える縁の下の力持ちなのだ。

アメリカの胃袋
実は世界最大の牛肉輸入国でもあるワケ

アメリカ産牛肉の生産量は、世界トップ。多くは国内で消費されるが、約10％は輸出に回され、うち30％前後が、BSE騒動以前は日本向けであった。牛肉輸出を金額ベースで見ても、２００３年までは、日本の8・4億ドルがトップだった。

このように、日本が牛肉大国アメリカのお得意様であったという話は、今さらいうまでもないだろう。だが、そのアメリカが、じつは世界最大の牛肉輸入国でもあるという話は、あまり知られていないのではないか。

アメリカは、輸出した量とほぼ同じ量の牛肉を、オーストラリア、ニュージーランド、アルゼンチン等の国から輸入しているのだ。自給できるにもかかわらず、なぜ輸出分を輸入で補うようなことをしているのだろうか？

答えは簡単。ハンバーグや加工食品などには、比較的高く売れる自国産の牛肉より、安価な外国産の牛肉を使ったほうが、経済効率がいいからである。

実際、アメリカが輸入している牛肉は、もっぱら放牧されている牛の肉で、値段が格段に安い。もちろん、そのぶん品質は低下する。しかも、長期保存が効くように、マイナス20〜30度に凍結（フローズンミート）されているため、肉の味は、さらに落ちることになる。

一方、輸出する肉は、穀類を与えて育てられた、比較的柔らかく、脂肪も入っているもの。しかも、0〜1・7度で冷蔵保存される、チルドミートだ。

要するに、アメリカは、調理向きのいい肉を輸出し、加工用には安い肉を輸入しているわけだ。食肉大国の人たちの、タフな胃袋と経営感覚が見えてきそうな話である。

サケ
川をさかのぼるサケが年々小さくなっているワケ

北海道の帯広市でタクシーを拾って「どこか観光したい」というと、秋なら「サケ漁見物でもいかがですか？」と勧められるはずである。

30分もクルマを走らせると、川いっぱいにサケが上流へ向かう姿が見られる。漁師が投網をまいて瀬に追い込み、勢いよく飛び跳ねるサケが次々と手づかみで捕まえられていく。

一時期、乱獲によって、日本各地の川へ戻ってくるサケの数は激減した。だがその後、人工孵化技術の進歩で、いまでは多くのサケが川に戻り、浅瀬では手づかみでサケが獲れるほどになっている。

ところが、川に戻ってくるサケは、年々サイズが小さくなってきている。その原因を調べてみると、普通、川から海に出たサケは、4年めにまた川へ戻ってくるが、最近のサケは3年めに戻ってきていることがわかってきた。

1年早く戻ってくるから、その分体が小さくなったわけだが、その根本的な原因は、どうやら人間の〝過保護〟にあるようである。

稚魚を育てる段階でエサをたっぷり与えるため、サケはそれだけ早熟になる。本来なら4年かけて成魚になり、体が大きくなるのだが、稚魚時代にエサを与えすぎるので、3年で成魚になるようになったというわけだ。

また「放流する稚魚が多すぎるのではないか」という声もある。というのは、サケの人工孵化には、日本だけでなく、アメリカ、カナダ、ロシアも取り組んでいる。各国が大量のサケを放流するため、北の海にはサケがひしめき合っている。その結果、エサが不足し、体が小さいまま「早くオウチに帰りたい」と川に戻ってくるのではないかと考えられている。

いずれにしろ、人間社会の過保護や人口過密を思い起こさせるような話である。いつもサケを食べるだけでなく、たまにはサケの身になって考えることも、大切なことかもしれない。

バイオ魚
こんなことまで可能になっている！

欧米の動物愛護団体から、日本の捕鯨が批判されたとき、では、クジラを養殖してはどうかというアイデアが真剣に検討された。

じっさい、実験も行われたのだが、あまりに図体が巨大なため、養殖場に困り、うまくいかなかった。

それでは、バイオテクノロジーで、小型のクジラをつくり、養殖すればどうかという意見もあった。まあ、マグロぐらいのクジラが潮を吹いていたら、それはそれでかわいいだろう。

現在、小型のクジラは実現していないが、アユやニジマス、ニシン、スケトウダラのバイオ魚はすでにつくられている。

その操作方法は二つあって、一つは受精卵の染色体を操作して、人工的に不妊の魚をつくる方法である。そして、もう一つは精子を操作して、すべてメスばかりの魚をつくる方法である。

たとえば、不妊の魚をつくると、1年魚が2年も3年も生きのびて、普通のアユやニジマスより大きく育つようになる。

また、生殖にエネルギーを使わなくなる分、病気にかかりにくくなり、身のおいしさも増してくる。

またアユの場合、いまの漁期は初夏から秋の産卵までだが、不妊アユならその期間を大幅に延長することができる。それだけ、漁期も長くなって、入漁料を稼ぐことができるというわけである。

一方、メスばかりにするのは、お祭しのように、タラコやカズノコを大量にとれるようにするためだ。

ただし、バイオ魚が増えると、生態系にどんな影響を与えるかわからない。そのため、バイオ魚の実用化は慎重に進められている。

ニワトリ

VIP待遇を受けるヒヨコの条件

外国から国王や大統領クラスの国賓が来ると、当然VIP待遇である。クルマは警察が先導し、信号はすべて青。お泊まりには、赤坂の迎賓館が使われる。

といっても、「まあ、庶民には関係ない世界の話」と関心のない人もいるだろうが、外国から輸入されるヒヨコにも、VIP待遇を受けるものがいるというと驚く人は多いだろう。

といっても、むろんそのヒヨコが警察の先導で運ばれ、迎賓館にお泊まりするわけではない。しかし、VIP待遇のヒヨコは、1羽の値段がなんと1万円以上。生後1、2日で、カナダやアメリカなどから、飛行機に乗って日本にやってくる。

お泊まりするのは、特別の鶏舎である。その鶏舎は完全消毒されていて、温度設定器、空気清浄器まで完備。エサも特別なエサが与えられる。

なぜこれほどVIP待遇されるかといえば、VIPひよこたちは1羽あたり4000羽の採卵鶏を産むからである。

その採卵鶏たちが全国に送られ、毎日のように卵を産み続け、日本の食卓に卵を供給す

る。

つまりVIP待遇されるヒヨコが、日本中のニワトリの親鶏となり、そのおかげで日本人は卵を食べられるというわけなのである。「卵は物価の優等生」といわれるように、卵が安く買えるのも、VIPヒヨコたちの働きのおかげなのである。

ちなみに、VIPヒヨコを輸入しなければならないのは、ニワトリの品種改良戦争に勝ち抜いたのが、欧米の企業だったからである。

VIP待遇のヒヨコたちは、改良に改良を重ねられた品種であり、少ないエサで育ち、体が丈夫で、多くの卵を産む。

そういうニワトリの〝開発〟に成功した欧米の企業から、毎年輸入されているというわけだ。

霜降り肉

「工場で作られる」の噂の真偽

超高級の柔らかい霜降り牛肉を口に入れると、舌の上でトロリと溶けていく。まさしく至福のひとときだが、そんな霜降り牛肉が、最近は安い値段で食べられるようになった。「狂牛病の影響か」「さすがデフレ時代、牛肉も価格破壊か」といいながら、その柔らかな食感を楽しんでいる人もいるだろう。そういう人には、よけいなお世話かもしれないが、霜降り牛肉が安く食べられる理由は、それだけではない。

そのカラクリを紹介してみよう。

じつは、安値の霜降り牛肉には、「工場」で加工されたものが混じっているのだ。その加工法は二とおりあって、一つは赤身肉を薄く切り、それにアイロンがけにした薄い脂身をはさみ込んでいく方法である。卵白や牛乳などを接着剤代わりにして、赤身肉と脂身を張り合わせ、幾層にも積み重ねていく。こうして、肉の塊をつくり、輪切りにすると、霜降り模様入りの〝高級肉〟ができあがるというわけである。

もう一つの方法は、赤身肉の塊に、加熱して液状にした脂身を注射針で注入するという方法である。全体にまんべんなく脂肪が入るように、長短さまざまな注射針をたくさん並べた加圧注入装置で、霜降り模様がつくられる。その後、肉全体をよくもんでから、冷やして輪切りにすると、霜降り牛肉のできあがりとなる。

この工場で加工された〝模造霜降り牛肉〟は、味も本物そっくりなら、栄養的にもほとんど変わらない。口に入れても、よほどのグルメでなければ、見分けられないところまで〝技術水準〟は上がってきている。

肉牛

実はオスはいないって本当？

肉牛は、ご承知のように、食用目的で飼育される牛のこと。この肉牛について、あまり知られていない話がある。肉牛には、ほとんど〝男〟がいないという事実だ。「そんなバカな」と思うかもしれないが、この話、ウソではない。

人間と同じく、牛も、生まれてくる子牛の半数はオスだが、彼らは生後2～3カ月で、ことごとく去勢されてしまうのだ。「種牛候補」として、かろうじて去勢を免れる牛もいるが、それも200頭に1頭ほど。残りは、悲しいかな、オスとしての能力を奪われてしまうのである。

では、いったいなぜ、牡牛は早々と去勢されてしまうのか？

これは、牛の性質を穏やかにして、肉質を改善し、精肉の歩留り（骨、腱、筋などを取り除いたとき、食用にできる肉の割合）を向上させるためである。

牛の性質と活動が穏やかになると、「サシ」（脂肪の交雑）が入りやすくなるのである。牛の脂肪交雑は、成長ホルモンの分泌で阻害され、成長ホルモンの分泌は、運動によって促される。したがって、元気で男らしい牛のままでは、肉がおいしく仕上がらないのだ。

そんなわけで、この世に生を受けて間もないオス子牛は、外科的手術で精巣を切り取られたり、ゴムリングなどで輸精管を押しつぶされるなどの方法で、去勢されている。

お茶
缶に入れると長期保存できるカラクリ

缶入り茶のプルリングを引くと、かすかに「プシュッ」と音がする。缶入り茶をよく飲む人の中には、この「プシュッ」という音に、ひっかかっている人がいるかもしれない。

ビールやコーラといった飲み物なら、プルリングを引いたとき、「プシュッ」という音がしてもおかしくない。缶の中に閉じ込められた炭酸が、飲み口を開けた瞬間、外へ放出されるからである。

ところが、缶入り緑茶は炭酸飲料ではないのに、なぜか「プシュッ」という音がする。「これは、いったい何の音?」と疑問に思う人がいても無理はないだろう。

じつは、あの音は、缶の中に詰められた窒素が抜けていく音だ。

もともと、お茶は色や味、香りがすぐに変化してしまう飲み物である。お茶が空気中の酸素と結びついて酸化するためで、家庭でお茶を飲むとき、こまめに茶葉を差し替えるのも、同じ理由からである。

当然、お茶を缶につめても、そのままでは缶の中で酸化が進行する。とくに、缶入り茶は、消費者の手に渡るまでには、ずいぶん日数がかかる。普通につくれば、その間にお茶としての魅力を失ってしまうのだ。

そこで、メーカーは缶に目いっぱい窒素をつめ、酸素を追い出すことで酸化の防止に成功した。その窒素のおかげで、いつでもおいしい緑茶を飲めるようになったのである。

プルリングを引いたときのプシュッという音は、いってみれば、役目を果たし終えた窒素が「やれやれ」ともらす安堵の声なのである。

食中毒

身近なところに潜むその原因

2001年、日本列島は狂牛病でパニック状態になった。しかし、冷静に考えてみれば、狂牛病の発生件数は本家のイギリスでも、この10年間で百数人。狂牛病にかかる確率はきわめて低く、あたる確率は食中毒のほうがはるかに高いといえる。

さて、食中毒が細菌によって起きることは常識だが、細菌は肉眼で見ることができないため、なかなか実感がわかないものだ。いったいわれわれの身の回りには、どれくらいの細菌がいるのだろうか。

保健所がある弁当店を調査したデータがあるので、それを紹介してみよう。従業員の手指、まな板、包丁を無菌ガーゼで拭き取り、そのガーゼについた細菌数を数えたものだ。このテストでは、100万個以上の細菌がついていた場合は不合格としたのだが、その結果は、従業員の手指で17％、まな板で50％、包丁で33％が不合格となった。なかなかショッキングな数字である。

衛生管理者のいる専門業者でこの成績だから、家庭の調理器にはもっとたくさんの細菌がいると考えていい。家族の誰かが突然下痢をしたときなどは、風邪と決めつけず、細菌による食中毒の可能性も疑ってみたほうがいいだろう。

とくに細菌が増殖しやすいのがフキンである。フキンを濡れたまま置いておくといやなにおいがしてくるものだが、そうなったフキンには、何億もの細菌が生息しているという。

フキンについた細菌は、洗剤で洗って日干しをしても完全には死なない。薄めた塩素液に浸して殺菌しなければならない。回数は、夏は週に3、4回、冬は1、2回が目安となる。

まな板や包丁も、同様である。日干しをしても、まな板の切れ目に入り込んだ菌には太陽の紫外線も届かないので、やはり塩素液で殺菌する必要がある。

それと、とにかく料理をするときにはよく手を洗うこと。調理器や食器をどれだけ殺菌しても、手に細菌がついていたのでは意味はない。

農地

どうして狭い日本で遊んでる「農地」がたくさんあるのか

日本の総面積は約37・8万平方キロメートル。そこに1億3000万人近い人間がひしめいている。しかし、そんな狭いはずの日本にも、遊んでいる土地があふれている。「農地」である。

その年に作付けされた延べ面積が、総耕作地面積の何%にあたるかを表す「耕地利用率」という数字がある。この率が年々低下しているのだ。つまり、遊んでいる農地がけっこうあるというわけだ。

耕地利用率低下の原因としては、麦や菜種などの水田裏作が少なくなったことが第一にあげられる。じっさい、裏作が盛んだった1950年代初めは、同じ土地を年2回利用していたため、耕地利用率は100%を上回り、130%台にも達していた。

その後、農家が裏作をしなくなった理由はいろいろあるが、表作の米に早稲が多くなったことが大きい。早稲は、田植えの時期が早くなるため、裏作ができなくなるのだ。

しかし、早稲と晩稲では、早稲のほうがおいしい品種が多く、台風の被害を避けることもできる。それで、農家は早稲を選んだのだ。

また、高度経済成長とともに、兼業や出稼ぎの機会が増えたので、裏作をしなくてもよくなったという経済的な背景もある。

日本の農業政策は米中心主義なので、裏作の問題はあまり目立たないが、農業全体を考えると、裏作の減少は深刻な問題だ。

日本の食料自給率が低下している原因として、大量の飼料穀物の輸入が挙げられるが、裏作で飼料作物をつくっていれば、いまのような状態にはならなかったといわれている。

また、最近は働き手不足による耕作放棄地、不作地が増加していて、耕地利用率の低下に拍車をかけている。

これは、表も裏も関係ない、日本農業全体の危機といえる。

調理人

指のバンソウコウに要注意!

寿司職人にとって、手は大切な商売道具。一流の職人は、仕事場ではもちろんのこと、仕事以外でも手や指にケガをしないように注意を払っている。指先に小さな切り傷が一つあっても、店に立てなくなるからだ。

これは傷が痛くて、シャリを握れなくなるからではない。お客が食中毒を起こす危険性があるためである。

体に傷ができると、それを治そうと、体内からリンパ液がにじみ出てくるが、このリンパ液は食中毒菌の一つである黄色ブドウ球菌の大好物なのである。傷のある手で寿司を握ると、傷口の周りで繁殖した黄色ブドウ球菌が寿司につき、それがもとで食中毒を起こす恐れが高まるのだ。そのため、寿司職人の間では、手に傷をつけたら店には立たないというのが常識になっている。

しかし、寿司職人以外の他の料理の調理人は、案外、このへんの意識が甘い。ちょっとした切り傷くらいだと、バンソウコウを貼って、そのまま店に出る人もいる。

そういうバンソウコウを貼った調理人を見たら、食中毒の黄信号だと思ったほうがいい。

そもそもバンソウコウを貼ったからといって、食中毒菌の発生を防げるわけではない。むしろ、その逆で、バンソウコウは菌の巣といってもいいほどだ。調理人は水を使うので、バンソウコウはすぐに湿り、汗やリンパ液などが栄養分となって、菌の増殖にはうってつけの環境となるのだ。

たまに、指サックをつけている調理人もいるが、これも衛生面では感心できない。菌をシャットアウトするほどぴったりと密閉することは、指サックでは不可能だからだ。たとえ、それができたとしても、そんなにきつく密閉したら指先の感覚がなくなり、仕事にならないはずだ。

ともあれ、手にケガをするような調理人は、それだけプロ意識が低いといえる。また、手にバンソウコウを貼った調理人を立たせているような店は、衛生面に対する認識が甘いと考えていい。

そういう店は、いずれなんらかの問題を起こす可能性があるといってもいいだろう。なるべく避けておいたほうが賢明だ。

味覚障害

近頃増えている意外な理由

たまに故郷に帰って、おふくろの味に接すると、どこかホッとするものである。

ところが、なかには「最近、おふくろの料理の味が落ちているんだよなァ」と感じている人もいるかもしれない。それは、お母さんの料理の腕が落ちたわけでも、手を抜いているわけでもないだろう。むしろ「味覚障害」の可能性を心配したほうがいいかもしれない。

味覚障害は、単に味音痴ではすまない病気で、悪化すれば体のあちこちに異常が出はじめる。また、たちの悪いことに、味覚障害は家族や他人から指摘されるまで本人は気づかないことが多い。家族のつくる料理の味がおかしくなったと思ったら、早めに病院に連れていくことだ。

味覚障害の主な原因は、亜鉛の摂取不足。とくに外食が多い人ほど、味覚に障害があらわれやすい。

外食では、栄養が偏りがちなうえ、食品に含まれている食品添加物が体内の亜鉛を体外に排出してしまうからだ。肌荒れがひどい、つめが変形・変色した、抜け毛が多い、擦り傷がなかなか治らない、などの症状があったら亜鉛不足の疑いが濃厚なので、早めに手を打ったほうがいい。

なお、亜鉛をもっとも多く含んでいる食べ物はカキ。大きいモノを1個食べれば、1日に必要な量がまかなえる。

ペットフード
食べさせるまえに知っておきたいこと

食品添加物が体によくないというのは、誰でも知っていること。毎日の食事をつくっている主婦なら、家族にはなるべく添加物の入っていないものを食べさせたいと思っているだろう。

ところが、ペットとなると話は別になる。たとえ家族の一員としてペットを可愛がっていても、人間なみに食事に気をつかっている飼い主は少ない。ペットフードを与えていれば安心と思いがちだ。

　だが、ペットフードにも添加物は入っている。ＢＨＡ、ＢＨＴ、エトキシキンのような酸化防止剤などである。

　ペットフードを長期保存するためには、添加物の使用もある程度は仕方がない。問題はその量だが、いまのところ、これがハッキリとはわからないのである。日本には、ペットフードの安全性や栄養成分の規制を定めた法律がないためだ。

　ただし、法律はなくても、業界が独自に定めた自主基準はあって、ペットフード公正取引協議会が、日本の食品添加物や欧米などの基準をもとに、使用限度を定めている。良識あるメーカーは、この基準を守っているのだろうが、抜き打ちで行ったドッグフードの成分検査では、ＢＨＡ、ＢＨＴの使用限度を超えた製品や、発がん性物質が検出されたケースもあった。

　ところで、ペットフードの安全性に関心が寄せられるようになったのは、つい最近のことだ。ここ数年の間に、尿路結石や腎不全、ぼうこう腫瘍など、排せつ器系の病気にかかるペットが急増しているからである。その多くがペットフードを常食としていたのではないかといわれている。

　とはいえ、これらの病気をペットフードだけのせいにするわけにはいかない。ペットはそれぞれ体質も違えば、高齢化が原因で病気になることもある。

そもそも、エサを与えすぎのデブ犬、デブ猫も増えている。ペットの健康は、飼い主の飼い方も大きく関わってくるのである。

生クリーム

熱を加えていても〝生〟を名乗れる理由

「生クリーム」と聞くだけで、目の前にケーキやパフェが浮かんで生ツバが出る人もいれば、その響きを耳にするだけで、胸やけしそうになる人もいるだろう。

だが、生クリームが嫌いな人も大好物という人も、意外に知らないのが、生クリームは決して「生」ではないということだ。

生クリームは、必ず二度や三度は加熱されている。だいたい、加熱されていない生クリームなど、市販されていない。そもそも、乳製品の工場では、農家から納入された牛乳をただちに加熱殺菌する。さらに、クリームに加工した後も、70～90度で加熱し、殺菌してから出荷している。

生のクリームは、もともと脂肪分解酵素を含んでいる。この酵素を加熱して破壊しておかなければ、乳脂肪が分解して悪臭が発生。とてもではないが、使いものにならなくなってしまうのだ。

そのため、食品の専門家は、生クリームのことを「生クリーム」とは呼ばないし、食品の専門書にもそうは書かれていない。単に「クリーム」と呼ばれているだけである。

それでも、一般的には「生クリーム」で通っている。まあ、「クリーム」だけではどんなクリームかわからないが、「生クリーム」といえば、あの純白のクリームがすぐに思い浮かぶ。

そう聞くだけで生ツバが出る人もいるように、「生クリーム」は製造の実情と離れて、固有名詞化しているというわけだ。

ミネラルウォーター

ふつうの水は腐るのに、どうして腐らない？

「いつ来てもおかしくない」といわれる東海沖大地震。そういわれてから、すでに長い時間がたつのだが、その間、大きな地震の被害に遭ったのは、神戸や新潟など別の地域だった。

火山列島・日本に住んでいる以上、いつ地震に見舞われるかわからないが、いざというときに備えて、食糧や飲料水を用意している家庭も少なくないだろう。たとえば、ミネラルウォーターなら、飲料水として長期間保存しておける。

といえば、「ミネラルウォーターは腐らないのだろうか？」と疑問を抱く人もいるだろう。

普通、水を長期間放置しておくとしだいに腐ってくる。また、ヨーロッパの常識では「ミネラルウォーターは腐る」ことになっている。ま、水であれば当たり前の話である。

ところが、日本で市販されているミネラルウォーターは、非常に腐りにくいのである。容器の種類や保存状態にもよるが、1～3年は腐らずに保存できる。

なぜなら、日本で市販されているミネラルウォーターは、殺菌、除菌処理を義務づけられているからである。

製造基準によると、85度で30分間の加熱殺菌か、それと同等以上の効果のある殺菌、除菌処理をしなければならないことになっている。とくに、病原性のある大腸菌群の殺菌に気がつかわれている。

ただし、ミネラルウォーターの歴史が古いヨーロッパでは、ミネラルウォーターとは、ミネラルを多く含んだ天然の鉱泉を、自然の状態で容器に詰めたもの。殺菌や除菌など、人の手の加わったものは、ミネラルウォーターとは呼ばない。

日本で市販されているミネラルウォーターは、厳密にいえば、ヨーロッパでは認められないわけだが、日本では天然水には雑菌が混じっているため、殺菌せざるをえない状況になっている。

マヨネーズ
保存料が入ってなくても腐らない秘密

マヨネーズの原料をご存じだろうか。最近は、自家製のマヨネーズをつくる人もいるから、「五つとも全部答えられる」という人もいるかもしれない。

あの味からも想像がつくかもしれないが、原料は、鶏卵、サラダ油、酢、塩、香辛料である。

これらを混ぜ合わせて泡立てる。普通、水と油は混じらないものだが、卵黄には、二つ以上の液体を混じりやすくする働き（乳化作用）がある。そのため、水分とサラダ油が混じり合って、クリーム状のマヨネーズになる。

マヨネーズには、これら以外のものは加えないことになっている。ＪＡＳ規格でも、マヨネーズには保存料や着色料はいっさい使えないし、一般的には加熱殺菌もされていない。

それでも、なぜかマヨネーズは腐ることなく、常温か冷蔵庫で保存できる。その理由は、原料に酢が入っているからである。酢の殺菌力が防腐効果を生み出し、特別なことをしなくても、長期保存がきくのである。

もっとも、原料のうち、腐りやすいのは鶏卵だけであり、酢と塩の割合を調整することで、鶏卵の腐敗を防ぐことが可能になるのだ。

ちなみに、実験データによると、市販のマヨネーズに、ブドウ状球菌や大腸菌を植え付けて、その後の様子を観察すると、どの菌も時間の経過とともに数が減り、24時間以内に死滅するという。じつに頼りになる酢の殺菌力である。

白身魚

いったいどんな魚が使われているか

持ち帰り弁当には、よく白身魚のフライが入っているものだ。また、定食屋さんでも、白身魚フライ定食は定番中の定番メニューである。

ところが、どれも「白身魚」とは呼んでいても、魚の種類が明示されていないこともある。

「あの白身魚ってタラでしょ?」と思っている人が多いだろうが、じつはそうではない。

たしかに、色も味もタラによく似ているのだが、その正体は、たいてい「ホキ」という魚である。といえば、「そんな魚、聞いたことがないぞ」という人がほとんどだろう。

しかし、あなたもどこかで「ホキ」を食べているはずである。

「ホキ」は南の海にすむ魚で、ニュージーランドやアルゼンチン、チリ沖でよく獲れる。身離れがよく加工向きで、輸入量の90%が弁当屋やレストランなどの業務用として使われてきた。

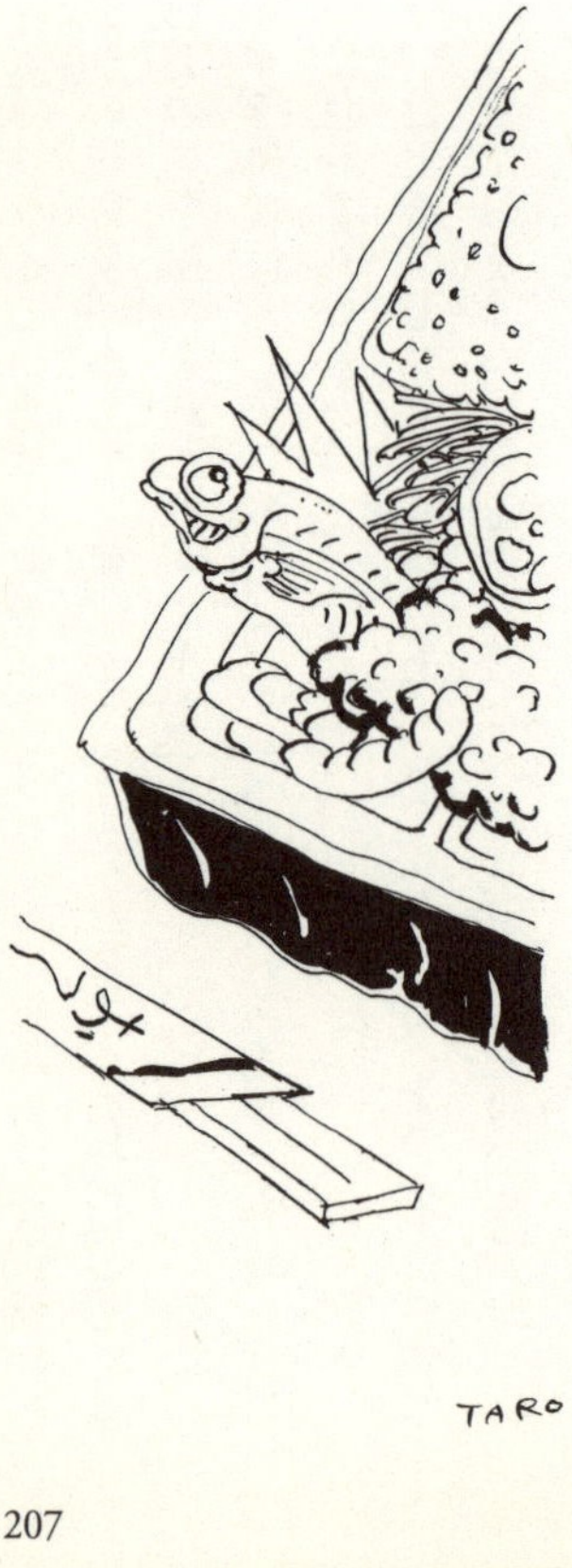

もともと日本では、白身魚のフライといえば、北のベーリング海で獲れる「マダラ」が中心だった。しかし、マダラの収穫量が落ちて、値段が上がったため、その代役として世界中を捜し回った結果、白羽の矢を立てられたのがホキだった。

ホキは、1975年、マダラの代役として日本デビューし、以降、あまり名を知られることもなく、日本人の胃袋におさまってきた。

ちなみに、世界の海には、およそ2万3000種以上の魚が存在していると推定されている。そのうち、日本人の胃袋におさまっている魚は、たった400種だけである。

野菜のタネ
種が「採るもの」から「買うもの」になったワケ

その昔、農家の人たちは、畑に植える野菜のタネは、自分で採取していた。ところが、現在、自分でつくった野菜からタネを自家採取する品種は、サトイモなど数える程度になっている。

ホウレンソウや小松菜、トマト、ダイコンなど、野菜の九割以上は、そのタネや苗を毎年、JAや種苗メーカーから購入するのが常識だ。

農家がタネを自家採取し、それをまいても、売れるような野菜には育たないためである。

現在、ＪＡや種苗メーカーが農家に販売するタネは、「Ｆ１」と呼ばれている。Ｆ１とは、メンデルの法則に基づいた一代雑種のことである。

たとえば、野菜で、おいしいけれど病気に弱い系統と、まずいけれど病気に強い系統があったとする。

Ｆ１は、この二つの系統をかけ合わせ、おいしくて病気に強い雑種をつくり出したものといえる。

ところが、おいしくて病気にも強い野菜からタネを採っても、次の世代には劣性遺伝が現れる可能性がある。つまり、まずくて病気にも弱い野菜の芽が出てくる可能性があるのだ。

そうすると、せっかく植えても品質がバラバラになり、経済効率が悪くなる。農家としては、毎年お金を払うことになっても、JAや種苗メーカーからF1種子を購入するほうが、おいしくて病気にも強い野菜をつくり続けることができるというわけである。

ちなみにF1の種は、国内だけでなくアメリカ、カナダ、イタリア、オーストラリアなどで採取されており、海外依存度がかなり高まっている。

モズク
どうやって採取しているの？

ミネラルがたっぷりで、お肌にも、体にもいい「自然食品」として人気上々のモズク。北海道から沖縄まで、日本に広く分布する海藻である。本来は、ホンダワラ類などの海藻にくっついて生息しているが、市販されている食用モズクのほとんどは、沖縄の海で養殖されている。

モズクの養殖は、海中に張りめぐらせた網にモズクを付着させて行うが、その採取法が、ちょっと変わっている。

作業は2人1組で行い、1人が長いホースをもって海中に入る。そして、そのホースで、掃除機で掃除をするように、20～30センチに成長したモズクを吸い取っていくのだ。吸い取られたモズクは、船上に海水と一緒に勢いよく吐き出される。すると、もう1人が、船上で海藻や小魚を取り除きながら、モズクをカゴの中に集めていく。

成長したモズクは、濃いアメ色をしているが、長時間日光や雨にさらすと変色するので、すばやい作業がカギになるという。

港に戻ると、殺菌海水で一気に洗い、塩漬けにされ、タンクで1週間前後寝かせてから、全国各地に出荷されていく。

沖縄で、モズクの養殖技術が確立されたのは、ここ20年のことと比較的新しいが、現在では、モズクは沖縄名物の一つに成長している。

ちなみに、お店でモズクを選ぶときは、黒っぽいものより、茶褐色のもののほうが新鮮だそうである。

▼トマト
なぜすべて「桃太郎」になったのか？

トマトと聞いて、どんなことをイメージするだろうか？

真っ赤に熟した大きなトマトに、丸ごとかぶりつくのが好きという人もいれば、まだ青さの残った小ぶりのトマトが好きという人もいるだろう。

といえば、最近のトマトに、どこかものたりなさを感じている人もいるのではなかろうか。

現在のトマト市場では、「桃太郎」という品種が年々シェアを拡大して、市場のガリバーと化しており、他品種のトマトはどんどん姿を消している。

その一番の理由は、生産地と消費地との距離が長くなったことにある。そもそもトマトは、その日の朝、畑で摘んだものを食べるのがもっともおいしい。ところが、生産地と消費地が遠く離れるようになって、熟す前の青い段階で収穫されるようになった。そして、輸送段階で赤くなったトマトが、八百屋やスーパーの店頭に並ぶようになったのである。

しかし、完熟する前に収穫されたトマトは味が落ちる。そこで、赤くなってから収穫し、その後長距離輸送しても大丈夫という品種はできないか？　というコンセプトで開発されたのが、「桃太郎」なのである。

「桃太郎」は、実が熟れてから柔らかくなるまでに時間がかかる。そのため、赤くなってから収穫しても、長い輸送に耐えられる。そして、味も水準を越えており、市場を席巻することになったのだ。

第8章

身近な「食」の気になる歴史

ウーロン茶

福建省が大産地になった意外な経緯

缶やペットボトル入りのウーロン茶が、さまざまなメーカーから発売されている。その微妙な味の違いにこだわる人は、お気に入りのメーカーが決まっているのだろうが、茶葉の原産地は、どのメーカーもほぼ同じである。

缶やペットボトルに記載された表示を見てもらえば、ほとんどが「中国福建省」となっているはずである。

福建省は上海の南方にあって、海に面し、台湾と向かいあっている。この福建省がウーロン茶の原産地となったのは、ごく自然な理由からである。中国広しといえども、良質のウーロン茶の葉は、福建省でしか栽培できないのだ。

もともとウーロン茶は、気候が温暖な高地でしか栽培できない。もちろん、静岡や狭山産の茶葉を、ウーロン茶に加工できないことはないが、気候や環境を考えれば、福建省以上のものをつくることはできない。

ちなみに、緑茶もウーロン茶も紅茶も、同じ緑色の茶葉からつくられる。それぞれ製法

の違いによって、発酵させないものが緑茶、半分発酵させたものがウーロン茶、完全に発酵させたものが紅茶と分かれる。

日本の茶葉は発酵させない緑茶に向いており、福建省の茶葉は半分発酵させるウーロン茶にもっとも適しているというわけである。

ただし、市販のウーロン茶には、原産地が「台湾」のものもある。読者の中にも、「台湾産のウーロン茶のほうが、色、香りとも上品で好きだ」という方がいるかもしれない。

ただし、その台湾産のウーロン茶も、19世紀に福建省から持ち込まれた優良種がルーツで、もとは同じ種である。台湾は福建省とほぼ同緯度にあり、温暖で高地が多い島。地理的条件、気象条件がともに福建省とよく似ているのである。

コシヒカリ
ついに日本の60％に達した〃コシヒカリ一族〃

「お米は、コシヒカリを使用」―この表示があるのとないのでは、お弁当でも、おにぎりでも売上げが大きく違ってくる。最近の消費者の「コシヒカリ信仰」はとどまるところを知らない。

日本で栽培されているイネの品種は約３００もあるが、現在、コシヒカリの収穫量が群を抜き、平成15年度の全国の品種別収穫量を見ると、37・5％を占めている。

しかも、2位の「ヒノヒカリ」（10・2％）、3位の「ひとめぼれ」（8・5％）、4位の「あきたこまち」（8・4％）といった品種も、イネの系統でいえば〃コシヒカリ一族〃。これら〃コシヒカリ一族〃の上位4品種で、日本の総収穫量の60％にも達しているのである。

コシヒカリの原型が誕生したのは、第二次世界大戦中の１９４４年（昭和19）。新潟県長岡市の農事試験場で、農林1号と農林22号をかけ合わせ、数多くできた2代目雑種の中から、福井県の農事改良試験場で選抜して誕生したのが、のちの「コシヒカリ」

だった。

もっとも、当初は、イモチ病に強い多収穫品種を作るのが目的で、味のことは考えられていなかった。戦争末期の食糧難の時代のこと、とにかく病気に負けない、収穫量の多いコメが求められていたのだ。

ところが、開発されたコメは、イモチ病にそれほど強くないうえに、収穫前に風などで倒れることが多かった。そのため評判はサッパリで、試験栽培した23府県のうち、「有望」と回答したのは新潟県と千葉県のみ。

その後、新潟県で栽培法が確立されなければ「コシヒカリ」は消え去る運命にあった。コシヒカリが消費者の間で知られるようになるのは、コメにおいしさが強く求められるようになった1970年代に入ってからのことである。

粘り、甘味、香り、柔らかさ、ツヤが、いずれも高いレベルでバランスがとれているのが、コシヒカリのおいしさの秘密。また、味がしっかりしているため、肉料理や洋食といった濃い料理にも合うし、冷めてもおいしいのでおにぎりやお弁当にも使える。

つまり、現代の食生活にもっとも合ったコメだったというわけだ。

なお、コシヒカリの最大の特徴であるもちもち感を出すには、炊く前にしっかり吸水させることがポイントになる。

ソース
独特の味を作り出す原材料の謎

焼きソバ、トンカツ、お好み焼きなどに欠かせないソース。いまでは、日本の食卓に欠かせない調味料になっているが、もともとは英国生まれ。1850年代、イギリスのウースターシャー州のウースターでつくられたのがルーツである。日本でいう「ウスターソース」は、この地名からつけられた名前である。

ウスターソースが日本にわたってきたのは明治の文明開化期で、現在のウスターソースとはかなり味が違い、相当しょっぱかったようだ。それが、洋食店の普及にともなってしだいに日本人好みの味にアレンジされ、現在のマイルドな風味になったという。

現在、ウスターソースをはじめとするソースは、JAS規格によって、普通の「ウスターソース」、とろみのついた「中濃ソース」、濃厚な「濃厚ソース」の三種類に分類されている。お好み焼きなどに使うトンカツソースは「濃厚ソース」のカテゴリーに入る。

ところで、ふだんなにげなく使っているソースだが、いったいどんな原材料からできているのだろうか。

ウスターソースは、タマネギ、ニンジン、トマト、リンゴ、セロリなどを煮て、熟成させた液体に、コショウ、トウガラシ、ニンニクなどの香辛料、砂糖、塩、酢を加えてカラメルで着色し、１カ月ほど熟成させてつくられる。

中濃や濃厚ソースとウスターソースの製法の違いは、まず野菜の絞り方にある。ウスターソースは、野菜を絞ったジュース状のものを使うが、中濃や濃厚ソースは、野菜をミキサーにかけてピューレ状にしたものを使う。このため濃度と粘り気が違ってくるのだ。

また、ウスターソースは酸味が強くスパイシーなのに対し、濃厚ソースは甘みが強いなど、それぞれ味の特徴も違う。これは、香辛料や調味料の使い方が違うためだ。

ちなみに、国産ソース第一号は、１８８５年、ヤマサ醤油が発売した「ミカドソース」。といっても、このソースのベースになったのは、しょうゆだった。しょうゆに酢や唐辛子などをブレンドした、相当スパイシーな味だったそうである。

種牛

偉大なる父〝霜降り紋次郎〟伝

競争馬の世界で血統が重んじられるのは、ご承知のとおりだが、じつは家畜牛の世界にも、〝サラブレッド〟が存在する。その代表が、日本が世界に誇る高級和牛「黒毛和種」である。

黒毛和種は、サシ（脂肪交雑）のきれいに入った、見事な霜降り肉になることで知られるが、この黒毛和種の中でも、とくに優れた血統がある。ここでは、その中でもひときわ優秀な「紋次郎」という名の伝説の種牛をご紹介することにしよう。

紋次郎は、1981年、兵庫県美方《みかた》郡で、父・安美土井、母・はるみの子として生まれた但馬牛の血を引く牡牛である。その名は、のちに上州で飼育されることになった際、その地ゆかりの「木枯らし紋次郎」にちなんでつけられたものだ。

生長した紋次郎は、当初、群馬県内の酪農家を中心に、ホルスタイン種との雑種牛を作るのに、文字どおり精を出した。その後、子牛たちの評価が高まるにつれ、紋次郎の名は、種牛界の逸材として全国へと広まっていく。こうして、紋次郎は、黒毛和種専門の種牛として、色、ツヤ、サシに優れた名牛を、次々とこの世に送り出したのである。紋次郎がその生涯に残した子は、なんと14万頭にものぼるというからスゴイ！

ところで、紋次郎が、14万頭という、記録的な数の子牛を残せたのはなぜか？

これは、ひとえに人工授精のたまものである。要するに、紋次郎は、直接雌牛と交配することなく、ひたすら人工授精用の精子を採取されていたわけである。

参考までに、牛の精液の採取の仕方をご紹介しよう。使われるのは、ゴムやスポンジでできた、筒型の人口膣。これを発情時の陰茎にあてがうと、一瞬にして精液が採取できる。採取された精液は、そのまま使うのは濃すぎてもったいないので、薄められたのちにプラスチックストローに入れられ、凍結保存される。

一般の黒毛和種の場合、この精液入りストローが、1本1000円～3000円で取引される。ただし、〝偉大なる父〟紋次郎の精液は、1本10万円にまで値がはね上がったこともあるという。

辛子明太子

なぜ、北の魚が九州の名物になった？

福岡名産の辛子明太子。今では全国各地で手に入るが、20年以上前は、本場の福岡でなければ、なかなか手に入らなかった。そこで、九州出身で東京で暮らす学生には、福岡へ帰省した仲間が買ってくる辛子明太子を楽しみにしている人もいた。なかには、届いた辛子明太子を囲み、「辛子明太子パーティー」を開くこともあった。

酔いが回るうち、学生たちの話は、なぜ、辛子明太子が九州の名物なのかという謎に突き当たることもしばしば。

「明太子は、そもそもスケトウダラの卵だよ」

と解説するのは、北海道出身の学生。すると、理屈っぽい他県出身の学生が、

「スケトウダラといえば、北の魚のはず。それが、どうして九州の名物になるのか」

と疑問を投げかける。それを聞いて、学生たちは「ウーン」と首をひねる……。

じつは、辛子明太子は韓国生まれ。戦後、韓国から引き上げてきた人たちによって、福岡名物に育てられた。

「明太」は、韓国ではスケトウダラのこと。韓国では「ミョンテ」と呼ばれるが、これがなまってメンタイになり、タラコは明太の子ということで「明太子」と呼ばれるようになった。辛子明太子は、このスケトウダラの卵を唐辛子と昆布やかつおぶしなどからとった調味液につけて作られる。

現在、原料のスケトウダラの卵は、北海道産のものが最上とされ、北海道から福岡へ運ばれて辛子明太子に加工されている。しかし、最近は、北海道でスケトウダラの漁獲量が激減しているため、アメリカやカナダからも輸入されるようになっている。輸入もののなかでは、粒のそろったアラスカ産が上質とされている。

ちなみに、韓国で「明太」と呼ばれるようになった由来として、こんなエピソードが伝

わっている。17世紀の中ごろ、韓国の明川を巡視していたお役人が、スケトウダラの料理を食べて大満足。そのサカナの名前を聞いたが、だれもわからなかった。「太」という漁師が獲った魚としかわからなかったので、〝明川で太が獲った魚〟という意味で「明太」と名づけられたとか。

ソフトクリーム

日本人が食べ始めたのは、あの大女優の影響

冷たくて、なめらかな舌ざわりが魅力のソフトクリーム。庶民的な食べ物として、すっかり定着しているソフトクリームだが、日本人が食べるようになったのは、そう昔のことではない。日本ソフトクリーム協議会によると、日本にソフトクリームがお目見えしたのは、1951年7月、米軍が独立記念日を祝って、東京・明治神宮外苑でカーニバルを開催したときのことだという。

それが日本中に急速に広まったのは、その2年後に公開された、ある大ヒット映画の影響だった。オードリー・ヘップバーン主演の『ローマの休日』である。

映画をご覧になった人ならご記憶だろうが、この映画には、ヘップバーンがローマのス

ペイン広場で、コーンにのったソフトクリームを、じつにおいしそうに食べるシーンがある。そして、このシーンが評判になって、ソフトクリームが大流行。日本のあちこちで、老いも若きもソフトクリームをペロペロする光景が、見られるようになったのである。

もっとも、ヘップバーンが食べていたのは、じつをいうと、今でいう「ジェラート」だった。ソフトクリームとジェラートは、厳密に定義すると、違うものである。もちろん口当たりも違う。

まあ、そんな些細なことは、当時の日本人にとっては、たいした問題ではなかった。映画に登場した、ヘップバーンのショートヘアーが大流行したように、当時の人には、ソフトクリームをペロペロするという、ヘップバーンの気取らないしぐさがオシャレでカッコよく見えたのである。

くさや
伊豆諸島が名産地になった理由

江戸時代から伝わる干物の珍味に「くさや」がある。

もし、窓でも開けてくさやを焼こうものなら、隣近所からの苦情を覚悟しなければならないほどの強烈なにおいを発する。だが、一度クセになると、病みつきになる味といわれる。

それほど個性豊かなくさやは、内臓を抜いたムロアジを３００年以上伝わる塩汁に漬けては干すという作業を繰り返してできあがる。

ところが、日本に港町は多いが、くさやをつくっているのは大島や三宅島、新島などの伊豆諸島だけ。なぜ、伊豆諸島だけでくさやがつくられるようになったのだろうか。その理由は、二つある。

一つは、冬の間、伊豆諸島近くの海は大荒れとなり、漁ができないこと。そのため、夏の間に獲った魚で、大量の干物をつくり置きしなければならなかった。島の厳しい環境の中で、生き抜くために考え出された知恵の産物が、くさやなのだ。

もう一つの理由は、昔は塩が貴重品だったため、塩汁を繰り返し使ったことである。ムロアジを塩水に漬けては干すという作業を繰り返す際、塩がふんだんに使用できれば、一度使った塩水を捨て、翌年は新しい塩水に漬けるだろう。

ところが、平地が少なく、米の収穫量が少なかった伊豆諸島の島々にとって、塩は、米と物々交換するための貴重品だった。そのため、塩を自分たちで大量に使うことができず、塩汁を大切に保存して、繰り返し利用してきたのである。

やがて、その塩汁が発酵して、くさや菌と呼ばれる菌が発生。その作用で、あの独特の風味をもつくさやができるようになった。

江戸時代から何百年も伝わってきた塩汁は、もうつくり直すことができない。そのため、三宅島や大島の三原山が噴火するたびに、くさや愛好家から、秘伝の塩汁がダメになってしまうのではないかと心配する声が上がっている。

ダイコン

青首ダイコンが市場を席巻した理由

大根役者という言葉の由来は、「ダイコンを食べてもまず当たらない（ヒットしない）」、または「すぐに舞台をおろされる」ことにあるといわれる。

しかし、昔は、芝居は多少まずくても、独特の味わいをもつ俳優がいたものだ。だが、最近は、演技もそこそこ、顔もそこそこというステレオタイプな俳優が増え、個性豊かな大根役者は少なくなっている。同様に、野菜のダイコンも、年々、無個性化してきている。

昔は、おろすと、辛味、苦みといった独特のクセをもつダイコンが市場に出回っていた。

ところが、いまでは、家庭で食べられるダイコンは、ほとんどがクセがなくて甘味が強い青首ダイコンが主流である。

以前はそれほど人気のなかった青首ダイコンが、一気にシェアを拡大したのは、80年代のこと。父親の帰宅が遅くなり、母親と子どもたちだけで夕食をとる家庭が増えたといわれるころと一致している。

全国の食卓で、辛味、苦みというクセをもつダイコンに、子どもが顔をしかめる。母親は子どもでも食べやすい青首ダイコンを買い求める……。つまり、家庭の食卓が父親から子ども中心になって、より甘い青首ダイコンが、しだいに大きなシェアを獲得するようになったといえそうなのだ。

一方、食べ物の独特のクセや香りが敬遠される風潮の中、練馬ダイコンや三浦ダイコンは売れ行きを落としていった。

要するに、一部の人にとっては、とてもおいしいダイコンより、より多くの人々に好まれるダイコンとして、スーパーや八百屋に並ぶのは、青首ダイコンばかりとなっていったのである。

そこそこ二枚目だが、どこか似た雰囲気の役者ばかり増えた現在の俳優の世界に、どことなく似ている話かもしれない……。

チョコレート
日本製と海外製で味が違うのはなぜ？

年に一度、バレンタインデーの日、話題の中心となるチョコレート。ところが、〝愛のシンボル〟であるはずの日本のチョコレートは、ベルギーやフランスのチョコレートメーカーからは「ニセ物」扱いされている。

ヨーロッパ勢の言い分によれば、植物油はいっさい使わず、カカオだけでつくるのが本物のチョコレート。本物のチョコレートはコクがあって、香りもいい。それに対し、植物油をたっぷり使う日本製チョコは、油くさくてとても食べられた代物ではないという。

この批判は、どうやらバレンタインデーのチョコレート需要を狙って、日本に進出したいヨーロッパ勢の〝口撃〟だったようだが、日本のチョコレートに6～20％程度の植物油が使われていることは事実である。つまり、ヨーロッパの基準でいえば、日本のチョコレートは本物ではないともいえる。

一方、日本のメーカーは、ヨーロッパと日本では気候条件が違うから、植物油を混ぜるのは仕方がないと反論している。高温多湿の日本で、カカオだけのチョコレートをつくったところですぐに溶けてしまう。植物油を入れることで溶けにくくしてあるのだという。

また、口に入れたとき、ふわっと溶けるような食感は、植物油を使っているからこそ出せるともいう。

たしかに、日本のチョコは、ヨーロッパ・スタンダードからすると、異端の食品だろう。

しかし、日本人にとっては、慣れ親しんだ味の日本人の日本人による日本人のためのチョコレートといえそうだ。

クロマグロ

30年の歳月をかけたマグロ養殖最新事情

和歌山県の串本で、クロマグロの養殖プロジェクトが始まったのは1970年（昭和45）のことである。

当時すでに、世界中からマグロを買い占めて、ひんしゅくを買っていた日本は、水産庁が中心になってマグロの養殖に乗り出した。

「運動不足にすれば脂が多くなり、日本人好みの大トロができる」。当時は、そんなお気楽な声も聞かれたものだった。

ところが、クロマグロの養殖は、予想以上に難しかった。

ようやく2002年6月、人工孵化から育った親魚が産んだ卵を再び孵化させるという「完全養殖」に成功。クロマグロの完全養殖ビジネスが成り立つ日も、そう遠くはないといわれるところまでこぎつけた。じつに、プロジェクトの開始から30年以上が経過している。

クロマグロの養殖にこれほど手こずったのには、マグロならではの理由があった。

天然のマグロの成魚は、時速160キロで泳ぐといわれるが、養殖中の稚魚もけっこうなスピードで泳ぎまわる。そして、そのスピードのまま、生簀の網や柱に激突。首の骨を折るなどして、ほとんどが死んでしまうのだ。

とくに、マグロの稚魚は繊細で、クルマのヘッドライトや船のエンジン音、さらに水の濁りでもパニックに陥り、大急ぎで逃げようとする。その途中で、障害物に激突死してしまうのだ。

また、稚魚は皮膚が極端に弱く、手でさわるだけで死んでしまう。また、共食いすることも多く、せっかく卵を孵化させても、幼魚がすぐに死んでしまうことが多いのだ。

そこで、衝突時の衝撃をやわらげるカバーをつけたり、共食いを防ぐため、他の魚の稚魚を生簀に入れるなどした結果、ようやく3代目が孵化するところまでこぎつけたのである。

ただし、ビジネスとして成立させるには、現在の10倍以上の生存率が必要で、まだまだ乗り越えるべき課題は山積している。

ちなみに、網にかかった小型のクロマグロを生簀で育てたり、天然稚魚をとってきて養殖する「半養殖」はすでに広く行われている。

アメリカ製ビール

あえて淡白な味にこだわったメーカーの戦略

アメリカ人は、ジュース代わりにビールを飲んでいるとか、トラック運転手は、ビールを飲みながら運転しているというような話を聞いたことはないだろうか。

アメリカでも、飲酒運転は法律違反だが、そんな話が広まるのも、アメリカのビールがどれも淡白で、どんどん飲めるからにほかならない。

そのアメリカでは、禁酒法以前には、何百というビール製造業者がいて、いろいろな地ビールをつくっていた。それが、第二次世界大戦後、企業の合併、吸収が繰り返される中で、大規模なビールメーカーがマーケットを分け合うことになった。

バドワイザーを発売するアンハイザー・ブッシュをはじめ、クアーズ、ミラー、ストローズハプストといった会社だが、こういった会社が勢力を伸ばす過程で、現在のように、淡白なビールがアメリカンビールの味になっていったのである。

たとえば、ドイツでは、法律によって、ビール製造会社は大麦のモルト、水、酵母、ホップの四種類の原料しか使うことが許されていない。モルトはビールにコクを与え、ホップは苦みを加えるものである。

しかし、アメリカのビールメーカーは、モルトの量を減らして、米やコーンスターチで代用。ホップの量も減らして、炭酸を使ったビールを開発してきた。

つまり、淡白で飲みやすいビールをつくることで消費を拡大。利益率をあげて、企業間の競争に勝ち抜こうとしたのである。

こうして、ジュース代わりに、ビールをガブ飲みする人が増え、メーカーも儲かるという仕組みができあがった。

豚骨ラーメン
白く濁ったスープを生んだコークス燃料説の真相

ラーメンの歴史は古く、中国では5世紀ごろにはすでにあったといわれているが、日本に入ってきたのは明治時代の後期で、全国に広がるのは戦後になってからのこと。今でこそ、ラーメンは日本でもっともポピュラーなメニューの一つだが、日本と中国の長い歴史を考えると、ラーメンが登場したのはごく最近のことといえる。

ただ、本場のラーメン（拉麺）を知っている中国人にいわせると、日本のラーメンと中華料理の拉麺は〝似て非なるもの〟で、とくに九州の豚骨ラーメンに関しては、「麺料理としては邪道」といいきる人もいる。

いったい、豚骨ラーメンの何がいけないのかというと、スープの色である。

ご存じのとおり、豚骨ラーメンのスープは白く濁っているが、問題はこの濁り。中国にも「白湯」と呼ばれる白く濁ったスープがあるが、麺類には澄んだスープを使うのが中華料理の原則。白濁スープは、「中華料理にはありえません」と中国の人たちはいうのである。

ただ、ここで知っておいてほしいのは、終戦直後の日本では、白く濁ったスープのラーメンのほうが一般的で、澄んだスープのほうがむしろ珍しかったこと。中華料理の原則には反しているのかもしれないが、日本ではこちらこそ伝統の味なのである。

戦後の日本で、白く濁ったスープのラーメンが広まったことには、〝燃料〟が関係している。

日本のラーメンは戦後の焼け跡に立ち並んだ屋台から出発するのだが、当時、屋台で使われていた燃料は石炭から作ったコークス。

コークスは固形燃料なので、ガスのように微妙な火力の調節ができない。そのため、もともとは澄んだスープを作るつもりだったのだが、結果的にスープが煮詰まり、白く濁った白湯になったといわれている。

まあ、豚骨は煮込めば煮込むほど栄養が出るので、栄養状態の悪かった当時は、これはこれでよかったのだろう。

ちなみに、九州では豚骨ラーメンが主流だが、九州人が白く濁ったスープを好むのは、九州ではラーメンが広がる前から、白く濁ったスープを使うちゃんぽんが広く食べられていたからとみられている。

メンマ
そもそもどうやって作っているか

メンマは、ラーメンには欠かせない脇役。メンマ抜きのラーメンというのは、どこかし

ら味気ないものである。

さて、おなじみのメンマだが、それがどうやってつくられるかは、案外知られていない。メンマとはいったい何者なのだろうか?

メンマはシナチクとも呼ばれ、これを漢字で書くと「支那竹」となる。これは中国大陸から入ってきたタケノコの仲間で、この字が当てられた。

メンマの材料になるのは、中国産の麻竹という種類のタケノコ。

日本の孟宗竹の場合は、土から出るか出ないかという時期に掘り起こした若芽の部分をタケノコとして食用にするが、麻竹は土から50センチ、太さも直径15センチくらいにまで成長したものを使う。

とはいっても、やはり固い部分はおいしく

ないので捨ててしまい、上の部分だけを食べる。日本のタケノコと同様、若芽がもっとも高級とされている。

つくり方は、麻竹を細かく刻んだものを煮て、水切りしたあとで発酵させる。土の中に入れて約1カ月ほど発酵させるのだが、このとき他の材料は入れない。

土の中の細菌による自然発酵だけで、タケノコの色がだんだんと薄茶に変わり、あの独特の風味が生まれてくる。

その発酵したタケノコを、塩漬けにするか、天日干しで乾燥させると、メンマのできあがりだ。

日本には、塩漬けか乾燥状態で輸入され、各メーカーがこれを味つけして商品化している。

ちなみに、本家本元の中国では、メンマを炒めものに入れたり、豚肉と一緒に煮込むなど、家庭料理の食材として使っている。麺類のトッピングにメンマを使うのは、日本人だけである。

■参考文献

「料理の基本大図鑑」大阪あべの辻調理師専門学校、エコール・キュリネール東京・国立監修（講談社）／「プロが教える料理のコツ」長坂幸子監修（日東書院）／「プロが教えるお料理教室」大河原晶子（高橋書店）／「知っておきたい食品鮮度の知識」渡辺雄二（日本実業出版社）／「発掘！あるある大事典」番組スタッフ編（扶桑社）／「知ったかぶり食通面白読本」主婦と生活社編（主婦と生活社）／「おいしい食べ物知識事典」林廣美（三笠書房）／「美味しさを測る」都甲潔、山藤馨（講談社ブルーバックス）／「こつの科学」杉田浩一（柴田書店）／「八百屋さんが書いた野菜の本」前田信之助（三水社）／「ワインの事典」山本博、湯目英郎監修（産調出版）／「のどがほしがるビールの本」佐藤清一（講談社）／「鮓・鮨・すし」吉野ます雄（旭屋出版）／「江戸前のすし」山崎博明（雄鶏社）／「寿司屋が書いた『美味しんぼ』の味・59食」久保田勝利（リヨン社）／「イカの魂」足立倫行（情報センター出版局）／「これから儲かる飲食店のラクラク開店法」赤土亮二（旭屋出版）／「たべもの語源考」平野雅章（雄山閣）／「たべもの革命」毎日新聞社社会部編（文化出版局）／「謎ときいまどき経済事情」日本経済新聞社編（日本経済新聞社）／「モノづくり断面図鑑」スティーブン・ビースティ、リチャード・プラット（偕成社）／「よくわかる食品業界」芝先希美夫、田村馨（日本実業出版社）／「にっぽん魚事情」時事通信社水産部（時事通信社）／「あした何を食べますか？」朝日新聞「食」取材班（朝日新聞社）／「食卓にのる新顔の魚」海洋水産資源開発センター・新魚食の会（三水社）／「知って得する最新食べもの学」稲神馨（朝日新聞社）／「続あぶない食品物語」溝口敦（小学館）／「農業と食料がわかる事典」藤岡幹恭、小泉貞彦（日本実業出版社）／「モノづくり解体新書（一の巻～七の巻）」日刊工業新聞社／「一歩身近なサイエンス」Ｑｕａｒｋ編／「科学・知ってるつもり77」東嶋和子、北海道新聞取材班（以上、講談社ブルーバックス）／「エコノ探偵団の大追跡」日本経済新聞社編（日本経済新聞社）／「懐かしさいっぱいのＧｏｏｄｓたち」林義人（リヨン社）／「定価の構造」内村敬（ダイヤモンド社）／「これが原価だ!!」山中伊知郎（インターメディア出版）／「西洋料理野菜百科」ジェイン・グリグソン著、平野和子・春日倫子訳（河出書房新社）／「食卓の不安にお答えします」吉川春寿、竹内端弥監修（女子栄養大出版部）／「週刊朝日」「ＡＥＲＡ」（朝日新聞社）／「サンデー毎日」（毎日新聞社）／「ＥＳＳＥ」（扶桑社）／「ダカーポ」（マガジンハウス）／「サライ」（小学館）／「日経トレンディ」（日本経済新聞社）／「ＳＰＡ！」（扶桑社）／朝日新聞／読売新聞／毎日新聞／ほか

〈本書は、二〇〇二年に小社より刊行された『お客に言えない食べ物の裏話』と二〇〇四年刊行の『お客に言えない食べ物のウラ事情』に新たな情報を加え、再編集したものです。〉

編者紹介

㊙情報取材班

人の知らないおいしい情報を日夜追い求める、好奇心いっぱいのジャーナリスト集団。あらゆる業界に通じた幅広い人脈と、キレ味鋭い取材力で、世のウラ側に隠された事実を引き出すことを得意としている。今回は食べ物についての裏話を、流通、食材、お店などさまざまな角度から徹底調査した。知っているようで知らなかった大疑問が氷解する、「食」の大事典！

そこが気《き》になる決定版《けっていばん》！

お客《きゃく》に言《い》えない食《た》べ物《もの》の裏話《うらばなし》

2006年2月1日　第1刷
2013年12月15日　第5刷

編　者　㊙情報取材班《まるひじょうほうしゅざいはん》

発行者　小澤源太郎

責任編集　株式会社プライム涌光
電話　編集部　03(3203)2850

発行所　株式会社青春出版社
東京都新宿区若松町12番1号〒162-0056
振替番号　00190-7-98602
電話　営業部　03(3207)1916

印刷・図書印刷株式会社　製本・ナショナル製本

万一、落丁、乱丁がありました節は、お取りかえします

ISBN4-413-00812-X C0000